气候变化时空特征分析的理论基础和实例分析

——以中国气温和降水量的极端气候指标时空分布为例

姜会飞　马振玉　著

气象出版社
China Meteorological Press

内容简介

本书运用数学推理与图形分析的科学方法,通过对天体运行规律的多维空间解析,论述时间与空间的关系。基于IPCC的极端天气气候事件与数据统计学对小概率和极小概率的概念,对全国823个地面气象观测站1981—2018年的逐日最高气温、最低气温、日平均气温和日降水量数据,统计不同极端程度的量化指标,进行极端气温和降水量的时空分布特征分析。本书关于极端事件统计分析的思想、方法及其对水热时空变化特征的统计结果,可为合理利用水热资源和规避灾害风险提供理论依据和科技指导。

图书在版编目(CIP)数据

气候变化时空特征分析的理论基础和实例分析 : 以中国气温和降水量的极端气候指标时空分布为例 / 姜会飞,马振玉著. — 北京 : 气象出版社,2024.1
ISBN 978-7-5029-8066-5

Ⅰ. ①气… Ⅱ. ①姜… ②马… Ⅲ. ①气候异常-时空分布-研究-中国 Ⅳ. ①P46

中国国家版本馆CIP数据核字(2023)第197447号
审图号:GS京(2023)1975号

气候变化时空特征分析的理论基础和实例分析
——以中国气温和降水量的极端气候指标时空分布为例
姜会飞　马振玉　著

出版发行:气象出版社

地　　址:北京市海淀区中关村南大街46号　　**邮政编码:**100081
电　　话:010-68407112(总编室)　010-68408042(发行部)
网　　址:http://www.qxcbs.com　　**E-mail:**qxcbs@cma.gov.cn
责任编辑:王元庆　　　　　　　　　　　**终　审:**张　斌
责任校对:张硕杰　　　　　　　　　　　**责任技编:**赵相宁
封面设计:艺点设计
印　　刷:北京中石油彩色印刷有限责任公司
开　　本:889 mm×1194 mm　1/32　　　**印　张:**5
字　　数:138千字
版　　次:2024年1月第1版
印　　次:2024年1月第1次印刷
定　　价:36.00元

本书如存在文字不清、漏印以及缺页、倒页、脱页等,请与本社发行部联系调换。

序　言

在进行科技部"十三五"国家重点研发计划项目"重大自然灾害监测预警与防范"的所属专项——林果水旱灾害监测预警与风险防范技术研究(编号:2017YFC1502800)工作过程中,通过对中国北方苹果及葡萄适栽区1981—2018年降水量和温度的统计分析,发现水热状况具有明显的时空变化特征,这种差异不仅表现在多年平均值上,而且也表现在远离平均值的极端高低温和降水事件中。20世纪80年代以来,在全球气候变化的大趋势下,极端天气气候事件导致的气象灾害日益频发和严重,全球和中国农业生产面临更大的气象灾害风险。加强对气象灾害风险的研究,统计分析中国水热极端天气气候指标的时空特征,是农业气象风险管理的科技基础,可以为调整农业结构、优化布局和防灾减灾提供科学依据。因此,作者将在本课题研究过程中的数据资料进行整理,根据中国幅员辽阔、气候类型复杂和农作物生态型多样的实际,统计分析不同时空尺度的水热极端天气气候指标,结合空间分布图作简要论述,期待这些数据指标和图表能在各地的气象为农业服务的生产管理决策中产生一定的指导作用,特别是为中国农作物结构调整和北方苹果、葡萄生产管理等提供防灾减灾参考。

农业生产大多是在自然条件下进行的,栽培植物和牲畜的生长发育受到自然环境条件(气候、地貌、土壤等)的影响和制约。气候是自然环境中最不稳定的因素,植被与土壤类型的生成在很大程度上也决定于气候的类型和变化。天气复杂多变和气候的不稳定性是农业脆弱性的根源,全球农业自然灾害损失的70%~80%都是气象灾害所致。全球气象灾害中,降水异常导致的旱涝占60%以上,温度过高和过低引起的高温热害和低温灾害占20%左右,水热的极端天气气候事件占所有气象灾害的 80% 以上。

事实表明,凡是构成灾害的气象要素值多是远离平均值而接近极端值,极端性是灾害事件的一个显著特征。极端的温度和降水发生都有可能致灾。气象致灾因子能否致灾以及致灾的严重程度取决于有无承灾体以及承灾体的脆弱性。政府间气候变化专门委员会(Intergovernmental Panel on Climate Change,IPCC)的第五次评估报告(IPCC AR5)对风险表述为:灾害风险是由致灾因子、暴露度和脆弱性构成的函数。灾害危险性指自然灾害的致灾因子强度和频率,暴露度指承灾体暴露于灾害危险之下的特征和程度,脆弱性指承灾体潜在的可能受损程度,与自身能力有关,也与当地防灾抗灾能力有关。若把脆弱性理解为暴露承灾体的脆弱性,那么灾害风险就是致灾因子危险性和承灾体脆弱性的函数。

2001 年 IPCC 评估报告指出,强降水属极端天气气候事件。作为强降水事件的暴雨,归属于极端天气气候事件具有明显的地区差异,因此,暴雨指标也应有地区差异。中国气象局规定以日(24 h)雨量达到 50.0 mm 为暴雨,并以之为指标分析全国暴雨时空分布特征和开展业务服务。而新疆吐鲁番年均降水量虽然只有 16.6 mm,1958 年 8 月 14 日的降水量却高达 36.0 mm,如果按 50.0 mm 的国家暴雨标准,吐鲁番这次罕见的强降水事件只能列为大雨,而根据属干旱、半干旱地区的新疆暴雨成灾事实、暴雨特点以及河川与下垫面渗透力情况,此次降水在新疆地区已属暴雨。笔者曾根据 IPCC 对极端天气气候事件的定义和极端事件指标的界定方法,得出北京地区暴雨气候指标为日降水量 ≥27.5 mm。中国各地气候、地理及农业生产特点不同,暴雨标准也应有所不同,本专著根据 1981—2018 年全国地面气象站网的逐日降水量观测记录,统计各地暴雨指标、分析暴雨指标的时空特征,为有效利用降水资源和规避暴雨灾害提供决策依据。

按气象行业标准定义,日最高气温 ≥35 ℃ 为高温天气。这也是一个全国的统一标准,而不同地区具有长期适应当地气候形成独特的生产生活方式和农作物生态类型,相应的农业气候指标也呈现出明显的区域性或地方特色。不同地区的不同作物与品种及其在不同的生长发育阶段对温度要求也就不同,不同研究对象的温度指标及其影响时间长度也不同。例如,湖南双季早稻春季低温灾害轻度、中度和重度等级,分别对应着日平均气温<12 ℃持续 3~5 d、6~9 d 和 10 d 以上的指标。广东晚稻寒露风轻度、中度、重度灾害等级,分别对应着以日平均气温≤23 ℃且持续间 3~5 d、6~9 d 和 10 d 以上的温度和天数指标。而按照湖南省地方标准,则以连续 3 d 或以上日平均气温≤20 ℃和≤22 ℃分别作为常规稻和杂交稻的寒露风指标。除日平均气温外,也有使用日温或夜温作为高温或低温进行指标类型温度划分的。

本专著根据 1981—2018 年中国地面气象站网的逐日气温观测记录,分别按日平均气温、日最高气温和日最低气温序列,借鉴IPCC 对极端天气气候事件的定义,结合中国农业生产对温度保证率的要求,统计各地的高、低温极端指标,并分析不同类型温度极端指标的时空分布规律,为各地在充分利用热量资源的情况下,有效规避高温热害、越冬冻害、霜冻害和其他低温灾害等提供基础信息。这里需要特别强调说明的是,由于缺乏中国台湾、香港和澳门的逐日气象观测数据资料,本专著对全国水热之最的数据统计结果不包括中国台湾、香港和澳门。另外,本专著仅根据台站近 30 多年的实际观测气象数据的统计结果进行简单的静态事实阐述,并没有对时空特征差异进行成因分析。因此,在全球气候变化的大趋势下,这些结果只作为背景参考,不能作为未来天气气候的预测。

作　者

2022 年 11 月

目　录

第一章 气候变化的时空特性

第一节 极端事件的时空相对性

对中国各地温度和降水量极端指标的统计分析可知,相同的温度和降水量指标,在此地出现属于极端高(或低)情况,而彼地则可能是正常或极端低(或高);对于同一地区,在某年出现可能属于极端高(或低)情况,而另一年则可能属于正常或极端低(或高)。也就是说,极端事件和极端指标是具有明显时空变化的。离开时空谈极端,是没有意义的;要讲极端,就得谈谈时间和空间。首先有必要了解一下时间和空间的关系。

对于地球来说,自转一周就是一天,绕太阳公转一周就是一年。生活在地球上,我们就感觉到了日和年的时间,也就有了时间的概念。地球自转时,向太阳的一面就是白天,背面就是黑夜。我们都知道,地球绕太阳旋转的公转轨道是椭圆形的,太阳位于椭圆形的一个焦点上,所以在讲日地距离时,有近日点和远日点。其实,一切星球都在自转的同时,并围绕着某个中心旋转。

太阳系里的其他星球如何呢? 地球每 24 h 自转一周,月亮每个月自转一周,也就是说月亮上的一天是地球上的一个月,即按地球日计算约 28 d。因为月亮被地球潮汐锁定,只能以一面向着地球,因此月亮绕地球公转的一周时间与自转时间是相同的。八大行星也都在自转,水星自转一周是 58.65 d,金星自转一周是 243.02 d,火星自转一周是 24.6 h,木星自转一周是 9 h 50 min 30 s,土星自转一周需要 10 h 14 min,天王星自转一周是 17 h 14 min,海王星自转一周是 16 h 5 min。太阳作为太阳系的中心,相对于太阳系中的其他天体,其体积和质量都十分庞大,体积相当于地球的 130 万倍,质量相当于地球的 33 万倍,质量相当于太阳系所有天体总质量的 99.86%。天文学家伽利略于 1610 年观察太阳黑子时发现,太阳存在自转现象,且自转方向与地球自转方向相同,也是围绕轴心自西向东自转,但是不同纬度的太阳黑子的运行速度并不一致,在太阳赤道,自转最快,纬度越高,自转越慢。在太阳赤道处,自转一周是 25.4 d,而纬度 40°处是 27.2 d,两极地区,自转一周是 35 d 左右,这种自转方式被称为"较差自转"。这是因为太阳并不是一个固态星球,严格来说,它的状态是等离子体,但是由于其上面的温度极高,物质总处于流动状态,类似于我们常见的液体,或者是极高温度的岩浆,那么在不同的受力作用下,类似液态的等离子体物质也就会出现不同状态的流动,体现在太阳的自转上,就是不同纬度的转速不同了。同样的状况还体现在木星、土星、天王星和海王星这类的气态行星上,如木星极区大气层的自转周期比赤道的要多 5 min 左右。

小时候,看神话故事,说"天上一天,地上一年"。这是有道理的,是在讲宇宙天体上的时间与地球是不相等的。自转也是指空间位置的相对变化,地球自转的同时绕太阳公转,才会出现太阳直射地球的时间只发生在正午的瞬间时刻,随着地球自转便使新直射点与旧直射点位置相对偏移了。

地球上时间是如何定义的?地球自转的时间固定为 24 h 吗?不是的。地球公转一周的时间固定吗?一年的时间固定吗?公转轨道变化吗?日地之间相对运动的关系有周期性吗?为了说明日地空间变量的时间概念,这里从气候变化辐射角度介绍几个概念。

太阳在自转的同时也在公转,太阳绕太阳系质心绕转周期为准 22.1826 年,太阳系绕银河系银心运动的轨道也是椭圆的。在运行过程中,行星绕太阳运行轨道半径、公转速度、自转的角速度大小也在不断发生着变化。太阳系由远银点到近银点,行星绕太阳运行轨道半径逐渐增大;同时行星公转速度、自转角速度也逐渐减小。太阳系由近银点到远银点,行星绕太阳运行轨道半径逐渐减小;同时行星公转速度、自转角速度也逐渐增大。地球的冰河期,是太阳系由远银点到近银点地球绕太阳运行轨道半径逐渐增大接受太阳能量逐渐减小造成的。地球绕太阳公转一周(一年)、自转一周(一天)的时间是变化的;太阳系由远银点到近银点,地球一年、一天的时间逐渐变长;太阳系由近银点到远银点,地球一年、一天的时间逐渐变短。

我们在研究时空特征时,通常要分析周期性、准周期性。我们看到日复一日、年复一年的日出日落、冬去春来。这种现象是相对的,是只考察地球与太阳相对位置的变化而形成的。在一定的空间范围内,具有一定的周期性。这一点,从日地关系和日月关系中可见。这种周期性也并非绝对的回到相同的空间位置,在宇宙空间任何位置只有唯一的一次机会出现。我们所看到的周期实际上是在一定的误差范围内,在允许的时间误差或不被察觉的空间位置偏离中。气候是万事万物中的一员,遵循着同样的规律,在不断变化着,既有渐变,也有突变;既有周期性,也有非周期性。

本专著是讲气象要素的时空特征,就有必要谈谈时间与空间的初始关系。事实上,时间是从空间分离出来的,时间是相对于空间而言的,是同时产生的。空间是万物之始,也就是说时间与万物同源,空间与时间就是作为一个整体的"道"衍生出来的。空间不断膨胀,时间不断往前。时间与空间具有一致性,也相互对应着。任何一个时间都对应着空间的特点和属性,是没有重复的,是独一无二的。地球上,时间的周期性就是太阳和地球两者空间位置的相对回归。

所有从时间上表现出来的变化,都是事物空间位置变化造成的。如果搞清楚了万事万物运动的方向和速度,就能准确地把握未来的蓝图,并按照既定轨迹去办事。循天道而行,随顺因缘,以宇宙高维格局的智慧,在付出和奉献中享受快乐生活。拿时间来说吧,一个没有秒针的钟表,你眼睛盯着是看不见分针和时针走动的,但分针和时针却依然如故,一直在走动。有秒针的和没有秒针的两个精准时钟,不管你是否看见代表"秒"时间的秒针走动,分针和时针始终是同步的。即使你没有看见分针和时针在走动,但事实上它们依然在坚定地运动着。

宇宙万物都是生命体,都有生命活动,地球和太阳一样有生命,石头和草芥一样有生命。生命活动的频率和表现不同,有的像时针、有的像秒针,有的像分针。宇宙万物,一切都有相对的周期性运动和变化。我们看见春去秋来,草儿年复一年春风吹又生。世间万物生命周期不同,而这生命周期因空间而异。例如,水稻在中国华南的海南一年有三季,华中长江流域生长两季,华北黄淮海地区一季。东北自然条件下,热量不足以完成生育周期,只能通过增加空间维度,以调补时间差额。如今东北成为水稻粮仓,"室内育苗"移栽便是栽培管理的基本模式。

第二节　气候形成和变化的影响因子

气象观测数据的统计结果表明,地球气候目前正在经历着以全球变暖为主要特征的显著变化。气候的形成和变化受多种因子的制约。近代气候学将那些能够影响气候而本身不受气候影响的因子称为外部因子,如太阳辐射、地球轨道参数的变化、大陆漂移、火山活动等;气候系统各成员之间的相互作用称为内部因子。外部因子必须通过与系统内部因子的相互作用,才能对气候产生影响。总的来说,对气候形成和变化有影响的因子可归纳为:①太阳辐射;②宇宙地球物理因子;③环流因子(包括大气环流和洋流);④下垫面因子(包括海陆分布、地形与地面特性、冰雪覆盖);⑤人类活动的影响。

太阳辐射和宇宙地球物理因子都是通过大气和下垫面来影响气候变化的。人类活动既能影响大气和下垫面,从而使气候发生变化,又能直接影响气候。大气和下垫面、人类活动与大气及下垫面之间又互相影响和制约,形成了重叠的内部和外部反馈关系,使同一来源太阳辐射的影响不断地来回传递、组合、分化和发展。在长期的影响传递过程中又出现许多新变动,它们对大气的影响与原有变动产生的影响叠加起来交错结合,以多种方式表现出来,使气候变化更加复杂。

地球在自己的公转轨道上接受太阳辐射能。太阳与地球间的距离及太阳辐射入射角等在不断改变,导致地球所吸收到的太阳辐射量也随之改变,主要影响因素有 3 种:地球公转轨道偏心率的变化(长轴与短轴之比)、地轴倾斜度的变化及春分点的移动。

(1)地球公转轨道偏心率的变化。到达大气上界的天文辐射通量密度与日地距离的平方成反比,地球绕太阳公转轨道是椭圆形的,目前的偏心率约为 0.016,北半球冬季位于近日点附近,因而冬半年较短(从秋分至春分比夏半年短 7.5 d)。但偏心率在 0~0.06 变动,周期约为 9.6 万年。偏心率变化意味着近日点和远日点发生改变,因而导致地球在一年里接受太阳辐射能的时间分配发生变化。偏心率为 0 时地球公转轨道为圆形,冬夏等长,冬半年和夏半年接受的太阳辐射能相等。在目前偏心率 0.016 的情况下,地球在近日点获得的天文辐射量较远日点大 1/15。当偏心率值为极大值 0.06 时,差值将达到 1/3。当北半球冬至通过近日点、夏至通过远日点时,将具有短而温暖的冬季、长而凉爽的夏季。而偏心率接近极小值时,冬夏温差将明显增大。

(2)地轴倾斜度的变化。地球运动的轨道面在空间有变动,地轴倾斜度即黄赤交角 ε 是四季形成的原因。倾斜度 ε 在 22.1°~24.24°变动,变动周期约 4 万年。目前地轴倾斜度是 23.44°,大约 8000 年后达到最大值。这个变动影响到太阳直射点达到的极限纬度,从而引起极圈纬度的波动。当地轴倾斜度是 24.24°时,太阳直射点可到达 24.24°,极圈最低纬度为 65.76°;当地轴倾斜度是 22.1°时,极圈最低纬度则为 67.9°。倾斜度增加时,高纬度年辐射量增加,赤道年辐射量减少。地轴倾斜度增大 1°,极地年辐射量可增加 4.02%,赤道却减少 0.35%。地轴倾斜度的变化对气候的影响在高纬度地区比低纬度地区要大得多。倾斜度越大,冬夏接收太阳辐射量的差值就越大,气温年较差也越大,特别是高纬度地区必然是冬寒夏热;倾斜度小时则冬暖夏凉,有利于冰川的发展。

(3)春分点的移动。春分点沿黄道向西缓慢移动,大约每2.1万年绕地球轨道一周。春分点位置的变动引起四季开始时间的移动和近日点与远日点的变化。地球近日点所在季节每70年推迟1天。大约在1万年以前,北半球冬季处于远日点,那时的冬季比现在更冷,南半球则相反。

这3个轨道要素的不同周期变化同时对气候产生影响。南斯拉夫气候学家米卢廷·米兰科维奇(Milutin Milankovitch)曾结合三者的作用计算出65°N上夏季太阳辐射量在60万年内的变化,并用相对纬度来表示。结果表明,23万年前65°N的太阳辐射量和现在77°N上一样,而13万年前又和现在59°N一样。

每年公历3月20日左右,太阳位于黄经0°(春分点)时,为春分。这天,太阳几乎直射地球赤道,全球各地几乎昼夜等长(这里不考虑大气对太阳光的折射与晨昏蒙影)。春分过后,太阳直射点继续由赤道向北半球推移,北半球各地开始昼长夜短,即一天中白昼长于黑夜;南半球各地开始昼短夜长,即一天中白昼短于黑夜。故春分也称升分。

春分的这天太阳直射地球赤道,南北半球季节相反,北半球是春分,在南半球来说就是秋分。在南、北两极,春分这天,太阳整日都在地平线上,此后随着太阳直射点的继续北移,北极附近开始为期6个月的极昼,范围逐渐扩大;南极附近开始为期6个月的极夜,范围逐渐扩大。

北半球各地从冬至开始白昼越来越长,但是从春分开始白昼才比黑夜长。从夏至那天开始白昼越来越短,但是从秋分开始白昼才比黑夜短。

春分是二十四节气之第四个节气。"春分者,阴阳相半也。故昼夜均而寒暑平。"春分的"分"字标示出了昼夜、寒暑的界限。历书中说"斗指壬为春分,约行周天,南北两半球昼夜均分,又当春之半,故名为春分"。春分的意义,一是指一天时间白天、黑夜平分,各为12 h;二是传统以立春至立夏为春季,春分正当春季3个月之中,平分了春季。

二十四节气是我国上古农耕文明的产物,根据太阳在黄道上的位置而决定,属于太阳历。古时我国依据阴阳消长划分四季,以二十四节气"四立"作为四季的起始,"二分二至"四个节气分别处在四个季节的中间。如春季以立春(斗指东北,后天八卦艮位)为始点,春分(斗指东)为中点,立夏(斗指东南)为终点。古时国外只有春分、秋分、冬至、夏至("二分二至")四个节气,依据太阳直射点回归运动划分四季,以"二分二至"作为四季的起始。如春季以春分为起始点,以夏至为终止点。西方国家所处的纬度较高,离黄赤相交角较远,以"二分二至"作为四季的起始点比"四立"更能实际反映西方当地的气候。国外这种以"二分二至"划分的四季比我国传统"四立"划分的四季分别迟了一个半月。

春分、秋分、夏至、冬至("二分二至"),是反映太阳直射点回归运动的四个节气。每年太阳直射点在南回归线与北回归线之间做回归运动。太阳直射在南回归线时为冬至,太阳直射在赤道并向北回归线移动时为春分,太阳直射北回归线时为夏至,太阳直射赤道并向南回归线移动时为秋分。春分通常特指太阳视黄经位于0°的时刻,在每年公历约为3月19—22日。在时间段上也指太阳位于黄经0°和15°之间的位置,即从春分日起至清明日前的时段,公历则大约是3月20日至4月5日之间。

虽然我们按太阳直射点在地球位置的变化划分节气,好像春秋分和冬夏至的时间固定不变,其实通过以上3个轨道因素我们就不难发现,过去的一年相同时日已与今年不同,也与未来不同。当然,变化不仅由于日地相对位置在变,其实我们称之为恒星的太阳也在变。至于太阳黑子和太阳活动周期在这里就不展开。一切都在变化。《易经》就是讲"变化是不变的永恒规律,是真理"。《易经》的"易"就是"变化""变换"之意,与"寒暑易节"和"改弦易辙"的"易"同义。佛教经典《金刚经》中的"空"性即是"变"性,因为宇宙万物无时不在发生着变化,没有恒定不变。对于前一刻的事物在此时已不复存在,此时的存在,在下一刻又获新生,即表现出来的本性是

"无",也就是"空"。就像2000多年前,古希腊哲学家赫拉克利特(Herakleitus)说的"人不能两次踏进同一条河"是有道理的,也是科学的。因为从绝对意义上说,此时的河已经不在宇宙空间彼时的那个位置,已经不是那条河了。

第三节　时空与空间维度

似乎宇宙万物都随着时间在变化。但我们有没有想过,时间是什么? 时间从什么时间开始,什么时间结束? 现代理论——"宇宙大爆炸"或神话——"盘古开天地"或宗教——"上帝创造世界"之时,便是"天地之始",时间从此产生。生活在地球上,我们习惯以地球为绝对静止的参照物。通过见到的日升日落、春夏秋冬,年复一年、日复一日的现象,产生了早晚和季节的概念。事实上,这个时间就是地球在太阳系空间位置的相对变化,在本质上就是空间变量。实质上,时间是地球与太阳相对位置的空间关系。时间和空间结合成了不可分割的整体。时间其实就是空间位置的函数,两者之间的关系是一一对应的。以地球上某点所在的纬度、经度和海拔高度表示空间三维位置,这个三维空间点与太阳的位置就是四维空间了,而这个四维空间,即我们平常所说的时空。也就是说,在地球上讲时空,就是地球及其与太阳的相对位置的变化,这个时间和空间加在一起就构成了四维空间。这个地球三维空间的时间是另一维度的空间,可以用地球与太阳的空间关系来描述。太阳系围绕另一个中心旋转,这时就有了五维……数学中讲的零维到一、二、三维,到四、五、……N维的高维,再到无穷多维。就是从点、线、面、体、……拓展的一个过程。宇宙是无限的,空间也是无限维度的。时间就是从一个假设的起点开始,如一条射线没有终结,即有始无终。在大宇宙中,我们身处的空间位置一直在变化,从来且永远不会回到原点。以三维空间的模式去检验四维、五维和六维等高维空间是行不通的。从高维模式进行降维,是可以运用到低维空间的。就像我们可以通过对三维物体投影,形成二维平面。改变投影的方向,便得到不同的二维投影。二维投影的结果完全可以通过投影源与投影缘的函数关系推演出来。而我们根据在平面上看到的多个二维投影，去推测投影源却基本不可能准确。因为一个三维物体在平面上的二维投影有无数多个，样本是无穷大的，根本不可能穷尽。即使得到的投影样本足够多，但由于不同的三维物体也可能得到相同的二维投影，我们就没有办法以相同的二维投影去推测到不同的三维投影源。为准确表达物体形状，解决空间几何问题，工程图多采用正投影法，从物体的正面、顶面和侧面分别向 3 个互相垂直的投影面上进行投影，然后按照一定规则展开得到的投影图，称为多面正投影图（图 1.1）。多面正投影图是指物体在相互垂直的两个或多个投影面上所得到的正投影。这种图能反映物体的真实形状和大小，便于按图进行工程建造和按图构建模型与还原实物形状。

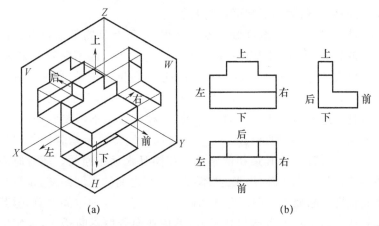

(a) (b)

图 1.1　三维物体正投影在 3 个平面的正投影示意图

如图 1.1 所示，物体的底面均平行于水平投影面 H，则物体底面在 H 面上的正投影反映实形。而与 H 面垂直的棱线和棱面，在 H 面上的正投影都有积聚性，反映不出它们的高度关系。可见，仅凭一个正投影，尚不能确切、完整地表达出一个物体的形状。因此，在用正投影表达物体的形状和解决空间几何问题时，通常需要两个或两个以上的投影。这里以 H、V、W 3 个平面的正投影图组合一起才能完成实物的几何构建。任何一个二维平面图,无论怎么样调整角度,得到多少个投影图,都是难以准确勾画出三维实物的真实形状的。这就是从二维不能得到三维,从三维不能推测四维,更不能推测更高维的情况是一个道理。降维处理是简单易行的,而升维却是不能直接从图像产生结果的。如何升维?生活在地球上,如何知道宇宙万象呢?这就需要想象,需要智慧,需要系统的哲学思想,需要严谨的数学推理。

地球是三维的空间格局,我们身处地球三维空间。这个三维世界就是我们所在宇宙的高维世界在三维空间的投影。低维是受高维引领的,低维的一切现象都是高维空间的投影,低维空间发生的一切事件都是高维起因所产生的必然结果,高维对低维的一切都是掌控的,都是可见的,也是可预见的。只不过我们身处低维,格局太小。居高临下,对其下则可一览无余。

从点、线、面、体至高维的发展过程中,所有事物都通过其起源之始的相同"本来"联系在一起。只不过随着事物的不断发展累加,能量巨大的起源点被后来的变化属性层层包围和覆盖,有时候处于沉睡状态,不易被激发。当特别专注、没有杂念时,就能与遥远的外界事物通过本为一体的"本性"沟通,这种沟通是不需要时间的,正是所谓"量子纠缠"的根源。万事万物同宗同源。无论时间如何延长,空间如何增维,其最初的本体是相同且永远相通的。随着时间的推移,从"本无"分离出来的"本有",相互之间的空间距离,也就是空间位置不断变化。即便有某两两保持相对不变的空间位置,但其与其他一切事物不可能保持不变,整体在向着熵不断增大,即宇宙不断膨胀的方向发展,以至于无限、无穷、无尽、无终。

第二章 极端事件与灾害风险管理

第一节 极端事件的特性

尽管现代气候学普遍认为气候形成和变化的主要原因是日地关系产生的辐射能量变化、下垫面和人类活动等综合影响,但主流文化中并没有把地球内部的变化作为主要原因来考虑。也有科学家在研究地球磁极翻转和地球磁场变化规律时指出,气候变化和地球磁场变化一样可能都是地球内部物理和化学变化的结果。也有人认为地球气候和磁场的变化主导力量是天体空间关系的变化。太阳系绕银河系银心运动过程中,行星、太阳自转的转动惯量和角速度大小是变化的。太阳系由远银点到近银点,行星、太阳的转动惯量逐渐增大,行星、太阳的子午平面液态区域会形成环流,如果行星表面层是固态,就会由两级向赤道漂移;同时,行星、太阳自转角速度大小也逐渐减小,行星、太阳的纬线平面液态区域会形成环流来减缓自转速度,环流方向与行星、太阳自转方向相反,其中带电粒子的环流形成了行星、太阳的磁场。太阳系由近银点到远银点,反之亦然。太阳系绕银河系银心运动一周,地球、太阳的磁场方向会反转一次,地球大陆漂移方向也反转一次。

大气的水热状态是自然现象,水热状态的极端表现在自然界本是中性事件。所有发生的事物都是必然的,既成事实的,就是客观的存在。水热极端现象,本身没有褒贬和好坏之分。现在,人们普遍称极端事件为灾害事件,这是因为人们习惯按处于正常状态的水热条件来安排生产和生活,因此当水热状况产生了偏离正常的极端状态时,就对人们习以为常的正常安排出现不适应的情况,甚至产生不利的影响或损失或灾害,因而人们从自身视角权衡利弊而把这种水热状况极端表现评价论断为灾害。水分、温度、光照、气流等气象要素只要明显偏离正常值就可能形成灾害。气象灾害发生常具有以下特点:

偶发性——不是年年发生,具有随机性;当认识不清,不能掌握其发生发展规律时,就不能判断其发生的必然性,因而视其发生为偶然性,视之为随机事件。世界运行是一个无序中有序的过程,看似偶然,实则是由无数随机的偶然事件共同作用产生的必然结果。

极端性——凡是构成灾害的气象要素值多是远离平均值而接近极端值。一般地,气象灾害的极端性表现为两端,任何远离平均的过多或过少都可能导致灾害。例如降水多了可能发生洪涝,少了发生干旱;温度高了发生热害,低了发生冷害或冻害或霜冻害等。

累积性——有些灾害是较长时间累积的结果。这种累积一般以两种方式存在着:一是短时期的偶然极端,通过自然界万物的自我修复和调节,很快回归正常,则不会造成很大的灾害损失。生物或很快达成新的平衡,好像异常没有发生一样。多次偶然频繁发生,则习以为常。慢慢适应,但累积的伤害不能修复,生物顽强地生活着,但产量和品质相对低劣。二是持续的缺乏,日复一日,以少成多。例如,干旱灾害一般都是要经过长时间的形成,几天不下雨,土壤还有储备,作物还可以忍耐,随着缺水时间的延长,旱情就不断加重,直到河流干涸和植物干枯。

一般在进行极端事件的统计分析时,大多是利用大量历史灾害数据进行的。本专著中的极端指标都是在一定时间范围内对有限样本的统计结果,而随着时间的推移和气候的变化,数据序列出现新的极端值和分布类型,极端事件指标也就要重新计算和调整了。对于具有准周期性的事件,通过对过去发生的事件的统计分析,外延推测未来情形。预测预报能否准确,关键是样本数据是否有效和可靠,有限的样本数据是否有一定的周期或准周期。过犹不及,用过多过少的没有完整周期性的样本数据构建的模型,是难以准确的。

目前的灾害长期预报方法中,许多是基于数理统计原理的。即使考虑动力过程,也往往难以完全摆脱统计方法。而多数数理统计方法有"优惠均值"的效应,即:对处于均值附近的个例报得较准,而对于远离均值的个例容易报错。灾害事件是缺乏连续性的,且多是在要素值远离平均值时发生的,也就是说灾害通常是极端事件。因此,使用常规预报方法提供准确的灾害预报是比较困难的。

地球大气系统是复杂的,农作物对水热状态的响应是非线性的,气象要素之间的相互作用与变化也是非常复杂的,可能是连续性的渐变,也可能是跳跃式的突变。目前,我们的认识还相当有限,可以说我们已知比未知的要少得多。也就是说,我们认识的事物有限,未认识的却是比有限更大的无限。认识得多了,才知道不认识的也更多了,探究是无穷无尽的。只有承认自己无知,才有可能揭开世界的奥秘。古希腊的大哲学家苏格拉底(Socrates)被誉为雅典最有智慧的人,因为苏格拉底知道自己在很多领域无知,所以才是真正有智慧。而很多人连自己不知道都不知道,那才是真正的无知。

气象、气象灾害与农业气象灾害是不同的。从大气环流分析,气流直接由气压制动,间接由气温影响,大范围内的气温如何通过若干单站气温统计处理得到?作物关键期或临界期也是随生育期或地区而变化的,因此不同地区不同年份的作物关键期是不同的。从气温、降水量和辐射等气象要素统计分析,离平均状态越远,状态就越趋向不稳定,极端事件就越有可能出现,但极端事件向哪个方向发展却是可能不同的。夏季高温或低温都有可能是前期的气温异常引起的,但当温度超过临界范围时,可能从夏季高温转向低温。因为温度异常到一定程度导致降水量增加,而降水量增加则由于水分的蒸发吸热,引起气温降低。因此,温度的变化,不能简单地从温度的前后相关来预测,而要综合能量平衡方程,把辐射、温度和水分一起来分析才能得出正确有效的结论。当一个系统由不稳定状态转变为相对稳定状态时,实质上是一个突变过程,而且在这个突变过程中,往往会引起另一种气象要素突变现象的发生。但突变是否会导致灾害,这要看突变作用的对象是什么,以及气象要素承受体的状况和所处的时期等。

长期以来,农业气象预测准确率不够高的原因,是多数长期预报所采用的预报信息（影响因子）范围窄，许多对长期农业气象要素可能产生影响的因子未考虑进去，同时也缺乏识别有效因子及综合运用它们的研究。任何事物都是整体世界的样本，都以有限形式构成着无限系统。研究的任何对象都是具体事物，都应该是有限的，在应用中都视为有限系统来分析。农业气象灾害指标的有限性表现在一定时空范围内的时空差异性。这需要对作物生长发育实际情况进行分析，也就是说需要结合作物动态进程而预测灾害的可能性。相同的气象状况出现在某一年的某个时期是有害的，而在另一年的相同时期却是无害的。这可能就是因为作物发育阶段不同，而恰好错过或赶上了影响发育关键期的发育进程而避免或遇上了灾害。例如，江浙地区晚稻抽穗期处于 9 月，这时候如遇寒露风，则 9 月低温不仅影响稻谷结粒率，还往往引发晚稻稻瘟病流行。所以，9 月低温就成了一种气象灾害，这种低温对农业产量产生了不利影响，是水稻生产中的主要农业气象灾害之一。

农业气象灾害中很大部分属累积型灾害，由于其灾害的发生、发展和成灾历时较长，灾中和灾后还有很大的补救余地。关键是要正确诊断作物的受害程度与恢复潜力，如作物苗期只要不是严重受旱，由于促进根系下扎，一旦复水，生长反而更加旺盛。玉米的吐丝期十分耐涝，只要没有淹没雌穗，加强管理仍有较好的收成。玉米叶片被冰雹打成碎条仍具有一定的光合能力，不应轻易毁掉。水稻抽穗后受灾绝收，可割去上部留高茬培育再生稻，很快会从基部萌发新蘖，1～2 个月即可成熟。小麦旺苗受冻后以主茎和大蘖死亡为主，小蘖尚有可能萌发成穗。但对于毁灭性的灾害需要计算剩余积温，当机立断毁掉，改种谷子、豆类、荞麦、蔬菜等短生长期的救灾作物。

第二节　科学研究的指导思想

宇宙中有很多我们看不见的事物、听不到的声音，它们却是真实的存在，自然界"在它们的指挥中迈着稳健的步伐前进"。有些动植物能感知的，我们感知不到。借助监测手段和技术，人类的感知范围拓展了，感知程度深入了。相对于无限的宇宙，人类认知永远是有限的，认知的越多，我们会发现未知的也就越多。做人要谦卑，不可自命不凡，不要把自己当作世间万物的主人。其实，人类与世间万物一样，是平等地从"道"化生而来的，我们要学会与自然万物和谐相处。

人类作为整体世界的一部分，如何通过认知的部分样本以窥探整体事物的发展规律，如何通过过去和现在去推测预知未来呢？首先要有正确的思想指导，其次要有科学的方法探究。这是"道"和"术"的问题，也是哲学和科学的问题。当今时代，我们享受着科技带来的丰富的物质生活和便利的生活方式，不自觉地就把一切功劳都归于科学。

科学就是通过观察、分析、总结和归纳，探究事物的发展变化规律，以指导人们的生产生活等实践活动。开展科学研究，就要有哲学思想的指导。也就是说，科学是在哲学的指导下进行的，科学是从哲学中分化形成和发生发展的。科学讲究专业分工，而哲学要有系统的整体思维。科学道路上，深入学习，专业上力求精，术业有专攻。哲学思考中，博者不知，知者不博。在现代教育教学中，博士是科学探究中的最高学位，博士作为一个学位称呼，标志着一个人具备了原创理论成果的能力或学力的学位，是目前最高级别的学位。在专业上具有独立探索能力和科学精神。从英语字面上可知，科学界所授予的最高学位的研究成果，是要在哲学思想的指导下进行的，其研究、探究和取得的创新成果是属于哲学的一部分。哲学（英语：philosophy）是研究普遍的、基本问题的学科，包括存在、知识、价值、理智、心灵、语言等领域。哲学与其他学科不同之处在于哲学有独特之思考方式，例如批判的方式，通常是系统化的方法，并以理性论证为基础。科学以哲学思想为指导，科学为哲学思想和立论进行佐证。哲学是统帅，从系统对事物进行全面的概括性推理，是一种说不清却又真实存在的智慧，属于道的层次。科学则是学科探究，是把整体分解然后又能把零件组装回去的一种技术和方法，属于术的层次。

哲学是关于世界本源的本体的学说,是具有根本的普遍性和绝对性的;科学是关于一事一物的经验总结的知识。哲学的探究需要智慧和感受,而科学却需要分析概括推理的思维能力。哲学是人类对世界从根本的认识,属思想与精神范畴,源自于一切科学知识之上,科学知识则都是哲学衍生出来,以各种不同的方式服务人类。科学和哲学之间没有实质性的界限,也不应该有界限。随着科学的不断发展,科技给人们生活带来了很多的方便和实惠。人们便把从哲学中分享出来的科学视为至高无上,也开始用已知去解释未知,用有限去诠释无限。对一切事物都要寻找科学依据,就连哲学也不例外。因此,20世纪,哲学也需要借助科学证据,才费劲地从唯心论泥潭中挣扎出来。在物理学"抢占"物质领域"话语权"后,21世纪,心理学和神经科学发现大脑意识与灵感是有物质基础的,找到了哲学重地——心与脑活动的科学依据。原来所谓先知的预感和智慧的哲学也是可以被证实的,也是能找到科学依据的。于是,所有的一切都要求通过科学来论证,否则就认为是不科学的,不可信的。对这种思潮和做法,我是不赞同的。就像我们对"空气"的认识过程,从以前认为是空无的,现在当然知道空气是由很多成分组成的混合物。科学发展是源于想象和假说的,现在不能证实的不能就简单地认为是不对的。一种新观点和思想,从提出来到广泛被接受是要经历一个漫长过程的。拿科学和技术来比较,从中国古代思想看,科学属"道",技术属"术"。有时候,我们知道这么做会产生什么结果,但不知道原因是什么。就说中国古代四大发明中的"指南针"和"火药"吧,早就会生产这个产品,并应用于生活实践中,是有了这门技术。可并不知道其科学依据,对理论基础不清楚,不知"道",只知"术",不能算是科学,只能算是技术。科学理论有时候在技术之后才有,更有许多是在哲学思想指导下才产生的,所以对什么理论、技术和方法都要找科学依据本身就是不是科学的,视科学至高无上是不对的。人类对世界的认识和看法是有一个过程的。很多客观存在,曾经昙花一现,偶然出现,被人幸运捕捉到,感知到,记录下来,却被当作笑话,判定为疯病人的错觉或幻觉,结果可能在若干年或千万年或更长时间后却再现,只是出现的周期长一些而已,在我们生活的这个空间频率低一些而已。一切物质和意识都是在一定时空尺度相互联系、交互作用的。任何事物都不是孤立的,我们要接受各种假设和想法,哲学和科学都需要允许学科内外的多种思潮存在,多元化是世界平衡和发展的基础。

理论是对实践经验的总结提炼,源于实践,又反过来指导实践。理论也是一种认识,受时空局限,实践指导性也有局限,是会不断修正的。理论与实践和道与术相对应。道就是思想、观念,术就是技术、方法。学科学技术的人,首先要遵道贵德。《资治通鉴》对君子、小人的区分:德行胜过才能的是君子;才能胜过德行的是小人。德行不正,才能越大,危害越大。德为本,才为末。中华屹立东方,几千年不倒的原因,就是中华文化根基深厚,知道"厚德载物",强调德才兼备,要求先学规矩,后学艺。弘扬优秀传统文化,振兴中华民族,比学习西方科技更重要。《周易·系辞下》有云:"德薄而位尊,智小而谋大,力小而任重,鲜不及矣。"

老子有言曰"言有宗,事有君"。中华传统思想认为,任何言论都有其宗旨,任何事物都有其主宰。言论的最终意义在于对世界和人生的追求。老子讲,要用无为的方法论,去解决人生的有为。所谓"无为",就是按照道的要求采取适当的措施,也就是按照规律办事情。老子的所谓"无为",只是一个理念,就是所谓思想之根。人要解决现实当中具体的事情,光靠根是没有用的。所以,你还要结合你所处的环境,去分析事物,了解事物的特殊性。知道了特殊的"道",采取特殊的无为,才会有结果,才会通过无为,达到有为。也就是说,我们要积极努力地做到"为无为",而不是消极被动地等待或无所作为。

道可以理解为两个层次,一是自然法则,二是人事法则。所谓德就是根据这些法则不断调整自我,使自己和这些法则融为一体。两者完美结合,才德配位,即是正道,方合天意。正道就是真理、定律,即永恒不变的规律或法则;德就是遵道、守道,即按规律办事。

走正道方可止于至善,走邪道从长远来看一定"善之即去,恶之即来"。《中论》[汉]卷上《修本第三》:"曾子曰:人而好善,福虽未至,祸其远矣;人而不好善,祸虽未至,福其远矣。"不可急于求成,更不可为逐名利而走歪门邪道。夫物速成则疾亡,晚就则善终。朝华之草,夕而零落;松柏之茂,隆寒不衰。是以大雅君子恶速成。道有正道和邪道之分。"中庸"之"中"就是"正",中不偏庸不易,就是坚守正道而不改变。世间万物多变,我们只需要以"不变应万变"。人类社会发展过程中,产生过许多法律、法规和礼制,这都是人为的,是人类在发展过程中对事物的认知过程中形成和制定的。随着时间的推移,很多都过时了,不适用了。因此,所谓的礼、法,都是可变的,只适用于相对的时空范围。而真正的"道",则是永恒的。所以说,我们制定法律和行为准则,要以"道"为准绳。任何不合"道"的,都是不长久的,其合理性是暂时的,时过境迁,规则就要随之调整和改变。

工业革命特别是 20 世纪以来,人类科技突飞猛进,上至火星、月球,下至海底、两极,人类"为所欲为",真是"没有做不到,只怕想不到"。好像想做什么就能做什么,想怎么做就能怎么做。不可否认,科技的进步给我们的生活带来的变化,科技让我们的生活变得更加舒适便捷,但是科技对环境的破坏同样对我们造成了很大的影响。环境被人为破坏,指的是人类活动打破了自然的自我平衡的调节能力,人类作为自然界的一员,最终必将自食其果。所谓科技,不能以追求人类生活的舒适为目标,而只能在保持自然平衡的范围内进行适度调控满足人类的需要,而切不可把人类赖以生存的环境当作谋取利益的资源和工具。

当农业生产活动是以得到高产高效的优质产品和人生享乐为目标的,这种思想导致的行为就是不可持续的。人类这种利己的行为势必导致大自然的破坏,因为贪欲是最大的罪恶。本自"道"中来的人类,要凌驾于"道"之上,意欲成为"道"的主宰,其结果则可能是迷失了方向,偏离了"道"。孔子是中华民族的万世师表。他信古好学,曾向老子问道,并把求道、悟道、得道作为一生的追求。《论语》

中有"朝闻道，夕死可矣"和"君子食无求饱，居无求安"的教诲。这就是告诉我们，对食物无非为了饱肚子，居住无非是为了安全和安定。吃饱了饭和有安全的地方住，就可以了。然后要做的就是求道，并走在正道上。如今，有的人却偏离了方向，对吃住却是数量够了，又求质量，并且在数量和质量上没有止境地高攀。有的"科技发展"，不是为了更好地认识世界，而只是为了更多地从自然中掠夺，且近乎疯狂地破坏赖以生存的环境。

有的人和单位以自我为中心，趋利避害，寻求着享乐主义的生活方式，全然把地球当作是人类的私有财产，随意砍伐森林和开采矿产，然后把废气大量排入大气、有毒有害废弃物投入大海。大气圈是有限的，也是无边界的。今天排出去的，明天还会转回来，这里扔弃的，那里就会收到。包括大气圈在内的地球只是人类赖以生存的家园，保护地球就是保护人类自己。如何保护地球，首先要搞清楚人在地球的位置，人类不是地球的主人，只是地球万物之一。2020年的新冠肺炎（COVID-2019疫情）大流行，就是自然对人类敲响的警钟，是该清醒一点了。科学家研究发现，地球的磁场正在减弱且缓慢地偏转，未来磁场强度还将进一步减弱。人类对地球本身的理解还不够透彻，就连产生磁场的机制也是理论上的猜测，所以我们并不能预测出磁场发生偏转的规律和周期。但可以肯定的是，地球磁极在发生偏转的时候会伴随着磁场强度的减弱，而且我们也能够测量出磁极相对于地理南北极偏移的速度。研究人员警告说，下一次灾难性的极地翻转"可能马上就要发生"，这个时间周期可能会在几千年或几万年或更长时间。

一切事物都有生有灭，都有生命期。地球也不例外，人类也不例外，这是自然现象。人类在地球上生活，不是为了追求物质享受和身体长生不老的。人活着的意义在于，利用这个有生命的道身来修行，承担起人生所负的使命，在所对应的时空位置负责任地去完成每一个角色所司之职。一个人只是人类历史长河中的一粒小水滴，虽然靠一个人的力量涌不起惊涛骇浪，但无数小水滴汇聚一起就形成了永不干涸的大海。有的人活着，他却已经死了；而有的人死了,他却永远活在后世人们的心中。《道德经》第三十三章"知人者智,自知者明。胜人者有力,自胜者强。知足者富,强行者有志。不失其所者久,死而不亡者寿"。思想境界高尚的人,其精神和思想在他肉体消亡后,仍然对世界产生着深远的影响,这才是真正的长寿。真正的长寿和永生,是其思想和精神长留人间,激励着一代又一代的人们前赴后继。历史正是无数追求有意义的人创造和改写的。正如地上的路,就是无数个脚印走出来的,至于哪个脚印是谁的,已经不重要了,重要的是,有人走过了,地上留下了路。

世界是一个完美的整体,是一个完整的系统。人类与自然万物是平等的,关系和作用是相互的。人类在漫长的适应自然的过程中,不断总结经验和教训,不断提升对自然的认知,掌握了一些自然的规律,并有效地利用这些客观规律,改造了人类赖以生存和发展的自然环境和空间。随着人口数量的增加,人类在地球生活空间的扩张,泛起了一种思潮,有的人开始相信人类是地球的"主人和主宰",认为世间一切的万物都应该是供人们随意支配和左右的。上至太空,下至地层,恨不能全部变为己有,为"我"服务,无限地掠夺,无节制地挥霍。

无限的对物质的贪欲和无尽的对享乐的追求,会把很多其他在地球生活的物种逼到悬崖,打破原有的生态平衡。万物和谐相处的平衡状态破坏了,自然生态的天秤发生了倾斜,极端的天气气候频繁发生,极端灾害事件也越来越多。人类的智慧,要用于认识自然、顺应自然。我们要按环境的承载力来合理安排家园的建设,要控制人类向地球大自然的无限扩张,使极端事件的发生回归正常轨道,并限制在人类的可控和可接受的范围内。

人类生活在地球上,观察思考的大多是地球三维空间的现象。对未来极端事件的预测多从三维空间前期异象推知。当然,也有结合高维空间的星空,根据天象来预测地球上重大事件的。例如《三国演义》中就有多处关于孔明和司马懿夜观天象、预测战事和人事的描述。通常我们对时空特征分析时,在地球三维空间中固定空间位置分析事件随时间的变化,或固定时间分析空间分布特征,或就某事件或某气象要素进行随时间变化和空间分布的分析。空间可以是一个地区或一个国家或某个地面气象台站代表区域等,对应着点、线、面的不同空间尺度范围。时间尺度可以是时、日、年和世纪等,也同样对应着不同时间尺度。从系统角度,宇宙是一个统一的整体,任何单独从某个空间来分析事件的变化规律都不可能得到正确的结论,即使吻合,也是巧合。从整体来说,此起彼伏,此消彼长,是必然的。就拿地球大气圈来说,在有限的时间内,大气总质量保持不变,因此从地表面观测统计,气压总值是相等的。有的地方气压升高了,就必然有的地方气压要降低。即使有相对稳定的气压系统,但大气是没有系统边界限制的,大气属性交换是没有时空限制的。

仅从地球上某空间范围或某台站及有气象观测或资料估测的时间对大气状态进行时空统计分析,这种统计分析结果具有局限性和相对性。一般地,时间尺度大的,空间范围也大;时间尺度和空间尺度不同,影响程度和作用过程也不同。"八月十五云遮月,正月十五雪打灯"。从时间来看是时隔 5 个月的长期,则对应空间则也不只是单站的,而对应着的也是代表相当大的一定区域范围空间。时间尺度大小不同,影响程度也不同,时间尺度较大的大气异常状态影响后期天气变化的范围大,过程时间也长;时间尺度较小的异常影响后期的天气变化往往是局部地区且过程时间也相对较短。当然,大气状态常常是多气象要素的组合作用,单因子作用的情况是很少的,相互关系也多具有非线性的综合复杂性。

当代中国,高等教育已经很普遍了,可以说家家都有大学生,都有接受高等教育的人才。大学和中小学是有差别的。小学是学其事,大学是穷其理。"小学者学其事;大学者,学其小学所学之事所以。"小学是直接理会那事,而大学则是穷究那事情后面的、深奥的道理,探究为什么。接受了高等教育,就不可人云亦云了。学会思考和分析,拥有了智慧,才有正确判断和辨别是非的能力。所谓"谣言止于智者",就是因为智者是不会传播道听途说的信息的,凡事都会有自己的思考、分析和判断。

第三节　灾害预测与风险管理

作物生长发育需要一个过程，在不同的发育阶段，作物对光、温、水等气象条件要求不同。农业气象灾害时空分布较为复杂，中国北方小麦生长季，往往前期干旱、冻害，后期干热风；南方小麦则前期冻害，后期湿害。通常在一个生长季中，发生多种农业气象灾害。农业生产过程中发生的导致农业显著减产的不利天气气候事件，除了气象要素本身的异常变化外，农业气象灾害的发生、程度、影响大小与作物种类、发育阶段和生长状况、土壤水分、管理措施等多种因素密切相关。确切意义上的农业气象灾害预报应当是未来天气气候和作物响应两个方面的结合，参照农业气象灾害指标，预报农业生物是否受到危害、危害程度和范围。

气候变化对农作物的影响程度主要取决于气候失常时农作物的生长水平。只有建立准确预报未来天气的天气气候模型以及能够实时预测农作物生长的农作物生长预测模型，才能有效地降低气候失常或天气波动对农作物的危害。气候预测对农业生产存在有利的潜在利益，提前几个月的气候预测有利于改进农业的气候风险管理，减缓农业的脆弱性。应用气候预测降低农业风险时，风险评估和决策依赖于运用历史资料建立的农业模型及风险模拟。

目前农业气象灾害预报中普遍使用的方法是在农业气象灾害指标基础上应用数理统计方法建立各种预报模型。农业气象预测多是长期或超长期时效的预报，提高农业气象预测的准确率有相当的难度。长期农业气象预测准确率不够高的原因，是多数长期预报所采用的预报信息（因子）范围窄，许多对长期农业气象要素可能产生影响的因子未容纳进去，同时也缺乏识别有效因子及综合运用它们的研究。

虽然统计方法存在解释性较差、预报效果不稳定等欠缺，而基于作物生长模型和区域气候模式的新的农业气象灾害预测预警技术在作物干旱、冷害和渍害等农业气象灾害的预测预警模型上取得了一些结果,较通常的数理统计预测模型在机理性上有所发展,但构建的作物模型也是从某地的农业生产实际需要,通过实验数据统计分析构建的相关因素对作物生长发育动态模拟的模型,是具有区域性的,也是一定时空的作物模型,其适用性也是有空间差异性的。至今还没有完全从植物生理层面构建的机理模型的原因,是生物本身是一个非常复杂的系统,而我们认知到的只是其中极小的部分。科学探索还在进行着,受学科发展的限制,基于作物模型进行准确有效的农业气象预报还存在一定难度,也难以满足实践应用的要求。有些预测应用在一定的时空范围内取得了较好的效果。如英国运用 Sirius 作物模型预测爱丁堡地区的小麦产量,效果较好;芬兰利用 CERES-Wheat 模型模拟预测田间作物产量,结果也是满意的,但作物对气候反应是非线性的,利用作物生长模型估算作物产量的误差不仅受不同的天气模型影响,还存在着时空变异性。因此,虽然以 CERES-Wheat 模型和 WGEN 气候模式评估气候变化对法国中部农业生产的平均影响是有效的,但对未来农业生产的风险评估却是不确定的。

按目前的认知水平和科技手段,作物模拟模型难以解释作物生产力的空间变异性和变化趋势。很多作物模型也只是作为一个研究工具,在农业上的实践受到了质疑,对指导实践应用还有一段距离。所以,有人认为运用气候模式和作物模式评估未来农业生产是具有投机性的行为,是不确定、不可靠的,是有问题的,令人质疑的。基于这种不确定性,有人通过对比发现,基于作物产量历史时间序列构建的随机模型预测作物产量变化趋势和建立农业统计模型预测,甚至比运用作物模型和气候模型的预测效果还要更好些。因此,农业气候预测目前还处于探索尝试性研究阶段,从宏观层面上来讲,通过农业气候预测可改良农业管理决策,降低农业风险。曾有通过建立热带地区玉米产量和降水量相关关系的农业气象产量模型,并根据降水量变化为玉米生产预警和产量预测开展决策服务,有效指导生产实践。

数理统计模型仍是农业气象灾害预报的主要方法之一。当前应力求在预报因子物理意义明确和预报模型改进两个方面有所突破。目前农业气象灾害预报中使用较多的方法是在灾害指标基础上,应用时间序列分析、多元回归分析、韵律、相似等数理统计方法,建立预报模型。选择预报因子时要注重物理概念和生物物理机理,力求深入了解天气气候背景、异常气候事件与农业气象灾害之间的因果关系,设法更多地发现和揭示气候异常变化的物理过程和前兆预测信号。建立预报模型时应采用数理统计学中不断发展的新方法,改进传统的统计模型和资料处理方法。力求克服经验统计方法存在的解释性较差、预报效果不稳定等缺陷,设法提高数理统计农业气象灾害预报的准确率。

一般统计预测模型的特点,方法简便,易于统计,预报时效较长。但是模型的建立是根据历史资料计算预报对象与预报因子的相关关系,注重的是历史演变规律,因此预报效果的好坏与观测资料的样本长度有密切关系。其历史拟合率可能很高,但外推预报时则可能由于预报因子当前的变化出现在历史资料取值范围外而产生较大失误。统计模型预测时效长,而机理性预测模型的预报时效短。防治农作物病虫害的关键是要能提供准确可靠的中长期预报,特别是长期预报。而长期预报的关键是农作物病虫害发生、发展、流行的气候背景及其耦合机制。因此,未来农作物病虫害的长期预测技术,将向病虫害发生、发展、流行的气候背景及其耦合机制的综合集成预报发展。

作物生长动力模拟模型在由田间尺度升至区域尺度预测应用时需要设法解决环境变量的时空变异问题,通过合理的输入取样、区域校正、完善模型、处理不完全资料等途径来减小区域化应用时的误差。要尽可能提高作为作物模型输入因子的区域气候模式逐日要素预报准确率。首先是提高全球大尺度模式的预报技巧,同时还需要改进区域气候模式中的参数化方案以及陆面条件在高分辨率条件下的描述,进行多样本集合方法的预报试验。在将天气预报或区域气候模式与作物模拟模式相结合进行农业气象灾害预报时,可以采用以不断更新的实时气象资料与气候预报输出结果相连接的动态滚动预报,最大可能地减小因天气预报而产生的误差。

既然每一种方法都不是万能的,各有其优缺点,那么,农业气象学和天气气候学、动力气候学等多学科结合、各种预报方法相结合、长中短期预报相结合、动态预报和补充订正相结合、卫星遥感动态监测信息与预警模式相结合的综合集成将是农业气象灾害预报的稳妥和有效的方法。

我国在农业气象灾害预报方法技术上开展了一些研究,在多种预报手段相结合等方面取得了一些成果。总结概括为:①我国农业气象灾害预报方法基本以数理统计模型为主。近年来在多种统计方法的应用、气候模式与农业气象模式结合、信息技术的应用、作物生长模拟模型的应用等方面取得了一些成果。但总体上说,农业气象灾害预报研究还不很成熟。②当前农业气象灾害预报应在指标的针对性、统计模型因子的物理概念和生物物理机理、数学模型和资料处理方法以及基于作物生长模拟模型的农业气象灾害预报方法等方面加强研究。③多学科交叉、多种预报方法结合、长中短期预报相结合、动态预报和补充订正相结合、卫星遥感动态监测信息与预警模式相结合是开展农业气象灾害预报的有效途径。

在一定的时间和空间范围内,按照观察和总结的事物发生发展的变化规律来安排生活,顺应天道,利用资源,规避灾害。通过观察、总结去认识和掌握事物的时空变化特性和发展演变规律,预测极端灾害事件时,目前普遍采用的方法是"择大原则",但现实中,以最大概率事件预测未来也是不准确的,因为概率小的事件也不一定就不发生。如果只把概率大的事件作为预测结果进行预报,就必然要漏掉小概率事件,而重大的灾害事件都是小概率事件,像50年甚至100年一遇的极端气候事件等。如我国1991年的江淮间特大洪水、1998年的长江中下游大水和2008年的南方冰雪灾害等都是小概率事件,也都没有预报出来。受科技水平和人类认识能力所限,人类尚不能百分之百地准确预测未来。这也预示着,运用具有不确定性的预测结果的管理决策是一种风险决策,因此我们的预报也应该是"风险预报"。由于全面掌握系统所有信息很难,必然使事物存在不可预测性,便有了风险管理。在风险管理的决策过程中,既要做到静态的风险分析,也要有对风险的动态预测。多年平均的历史风险大的地区,不一定来年的风险就大。连续下雨多日之后必有晴天,《道德经》第二十三章:"希言自然。故飘风不终朝,骤雨不终日。孰为此者?天地。"受人类认识的限制,不可预测和不可掌控是永远存在的。宇宙不断向外发展,认知越多,未知也就越多。只有当我们把整个宇宙都纳入一个开放系统,并且对系统内部的各个事物都掌握了,才能真正准确地做出预测和判断。而这个追求是不可能真正实现的,因为人类只是宇宙万物的一部分,作为部分的事件是无法揭开整体奥秘的。正如平时我们常说的"当局者迷",正因为身在其中,才不能综观全局。正如北宋苏轼《题西林壁》所言:"横看成岭侧成峰,远近高低各不同。不识庐山真面目,只缘身在此山中。"

气候变化的年际变化具有随机性和不确定性,而农业生产中人们往往强调上一年的经验教训,事实上重演前一年气象事件的概率是很小的。随着气象科技的进步和互联网的普及,将来有可能根据短期气候预报,利用互联网对农户进行调整品种和栽培措施的咨询服务。加强极端气候事件对农业生产影响的预评估,提出相应的对策措施;国家和省、市、县开展精细化的农业气候区划,为科学规划农业生产布局、合理调整农业种植结构提供决策支撑;开展农业气象灾害的风险评估和区划,为提高农业气象灾害风险防范、风险管理和风险转移提供支撑。当极端灾害事件发生时,有相应的应急管理方案和最大限度规避灾害的不利影响,坚持生命至上的原则。

风险是危险转化为现实灾害的可能性及其严重程度的度量。风险本身并不是灾害。认识风险的目的是为了减少风险转变为灾害的可能性,在有的情况下,也有可能去克服风险。即使是那些必然要形成灾害的风险,我们也可以通过规避或转移风险的办法来最大限度地减少其给农业生产带来的损失。

风险管理的全过程包括:确定风险管理的对象与目的、风险辨识、风险分析、风险评价和风险控制。风险辨识包括对风险源的识别、灾害或事故类型的划分以及对灾害和事故的影响因素与危害机制的辨识。

首先要调查系统中存在或面临哪些风险源,还要了解风险出现前后的系统状况,以便掌握风险发生的前兆。农业气象灾害风险的因素可分为内因和外因。内因主要指受灾对象本身的脆弱性与承灾能力,又分为遗传基因、植株生理状况、群体状况和人为诱导产生的抗逆能力等不同层次。外因主要是外界环境气象条件、土壤结构与水分养分条件、有无病虫害及其天敌等外界生物环境。研究灾害风险的驱动机制,最重要的是外因要通过内因起作用。以小麦越冬冻害为例,冬前抗寒锻炼很差的暖冬年仍然有可能发生相当严重的冻害,如华北 1993—1994 年冬;而抗寒锻炼良好的冷冬年也不一定发生较重的冻害,如华北 1968—1969 年冬。同样遇到干旱,根系发达的植株抗旱能力就强,有可能不减产。

风险分析的内容包括灾害或事故发生的可能性和严重性两个方面。分析农业气象灾害或事故发生的可能性,主要是通过统计分析历史农业产量资源与气象资料之间的关系,分析对本地区产量影响较大的气象灾害的发生频率,进而计算其发生的可能性即概率。分析某种灾害的严重性,一方面要统计该灾种发生年份的作物产量资料,另一方面要了解民政部门的灾情调查资料,因为除产量损失以外,还可能发生人员伤亡或健康损失、农产品的品质下降和生产成本提高等其他损失形式,因此需要对其危害程度进行综合评定,如果缺乏足够的历史资料,可以请当地的资深农业技术人员和老农座谈,以评分方式确定不同气象灾害的发生可能性及其危害程度。对于一个复杂的农业系统,还需要把系统分解成若干个子系统或单元,分别分析其易损性和脆弱性,测算一旦受灾后可能遭受的各类经济损失及可能承受的最大风险水平。

在计算了灾害或事故的发生概率与危害严重程度之后,就可以计算出风险的大小,即风险度。然后根据所研究对象将风险度划分为若干等级,如风险极大、较大、大、中等、较小、很小、几乎没有等。

实际评估中,由于灾害损失可能表现为不同的对象和不同的形式,往往需要对不同的因素或不同的损失形式进行加权平均后再计算,如洪涝灾害发生后,所造成的损失包括人员伤亡、房屋倒塌、水利设施破坏、农作物淹没或浸泡减产、交通阻断、环境污染以及抗灾与救灾成本等,每种损失形式的区域分布也很不相同,需要折算成统一的不变价格货币形式才能进行比较。

风险辨识、分析和评估的最终目的是进行风险决策,以最大限度地消除或减少风险可能造成的损失。风险决策是风险管理过程的最后步骤,需要综合权衡风险度的大小和主客观各方面因素后做出正确的判断与决策。风险决策所要采取的对策主要包括消除风险、规避风险、转移风险和减小风险四种。

在风险辨识上要注意防止一个误区,即不一定后果最严重的灾害其风险最大,如海啸是危害极大的自然灾害,但由于外海岛链的存在我国极少发生海啸,对我国实际造成的危害并不严重。龙卷虽然可以把人卷上天,把整座楼房吹塌,摧毁力极大,但其发生的范围很小,存在的时间也很短,多年统计表明,其所造成的损失远比台风要小。

在风险决策时要防止一个误区即风险越小越好。在农业生产上风险常常是与机遇并存的。许多高产优质的品种往往抗逆性较差。如果单纯为了避灾而使用抗逆性强但相对低产的品种,尽管稳产性有所提高,在重灾年的收成要好于高产优质品种,但计算多年平均的经济效益,并不是最好的。通常对于一年生大田作物,保证率达到80%以上就被认为是可以接受的。对于某些经济价值很高的作物,甚至可以采取70%的保证率来安排生产。但对于多年生作物则要求较高的保证率。如一般果树需要3~5年才能开始坐果,进入盛果期后通常能维持20~40年,对于毁灭性的灾害,即使是95%的保证率,即每20年左右发生一次,也是难以承受的。

第三章　极端天气气候指标的统计方法

第一节　极端的概念及其量化

极端,作为一个汉语词语,发音读作 jí duān。词性可以是形容词,也可以是名词。作形容词时,常用于指某人说话办事偏激,没有把握好分寸。例如,这个人做事很(或有些)极端,这是个极端事件。作名词时,常指事物发展远离平均或正常或中道的状态。例如,"做人办事不要从一个极端走向另一个极端啊"!平常说的"左派"和"右派",就是指没在"中道"上,或左或右,偏离正道的言谈举止。《易经》中的中华智慧告诉我们,事物都是在不断发展变化的,变化是万事万物普遍具有的亘古不变的真理。"物极必反,否极泰来。"祸福相依,危险与机遇是"一对孪生兄弟"。多少有修养的文人志士,淡泊名利,追求内心平和,生活中讲究细水长流,平淡无奇。凡事尽量做到恰到好处,恰如其分,讲究见好就收,适可而止。过分执着对某一方面追求,就容易走向极端,破坏平衡。事情做过了头,就跟做得不够一样,都是不合适的,"过犹不及"嘛。最难得的是处于平衡状态,是中庸。万法唯心。思想是行动的先导和指南,一切行为举止都是先从心中生出想法,再由想法引导行动的。对自然规律的探索,也要全面观察和分析事物的整体,不可以偏概全,既要了解和接受平凡的中间状态、也要了解和接受不平凡的极端状态。一切事物本身都是中性的,无所谓好坏之分。就拿气象学上的台风来说吧,台风在人类之前就已经存在,是一种客观事实,是地气系统平衡能量交换的一种自然方式。当台风带来的大风暴雨危及人类的生产生活、损害到人们的生命和财产时,人们就视之为台风灾害。那么台风真的只是灾害吗？目前，全世界水荒严重，工农业生产和生活用水资源不足，而台风却是非常重要的淡水资源。台（飓）风给日本、印度、东南亚和美国东南部等地区带来了大量的雨水，占这些地区总降水量的 1/4。赤道地区受日照最多，干热难耐，若没有台风驱散这一地区的热量，热带会更热，寒带会更冷，温带将会消失。没有台风，我国将没有昆明这样的春城，也没有四季常青的广州。台风最大时速为 200 km 左右，其能量相当于 400 颗 2000 t 级的氢弹爆炸时所释放出的能量，过去、现在和将来都凭借这个能量使地球保持热量平衡。

"极端"和"中道"都是人们用自己的感情、思想和情绪在称谓万事万物，也是人类探索自然奥秘的一种研究思路和方法。中华民族有中庸之道的文化传统。《三字经》中有云："作中庸，子思笔，中不偏，庸不易。"《中庸》开篇："喜、怒、哀、乐之未发，谓之中；发而皆中节，谓之和。中也者，天下之大本也；和也者，天下之达道也。致中和，天地位焉，万物育焉。"翻译为：喜欢、愤怒、悲哀、快乐等各种情感没有向外表露的时候，叫作"中"；表现出来且在适当的范围内，叫作"和"。"中"是天下的根本所在，与《道德经》中的"无"相对应；"和"是万物的根源，与《道德经》中的"有"相对应；达到"中和"的境界，天地就秩序井然了，万物就生长发育了。"中"为天地之始，"和"为万物之母。气象中用"和"风细雨、风"和"日丽、暖"和"来描述阳光、温度和风雨的美好状态，时势与机遇恰逢，称"天时、地利、人和"。混沌未开之时，万物合为一体，其状态乃"中"。混沌初开，乾坤始奠。一生二、二生三、三生万物……所有事物的产生和呈现，都是因缘合和而成，"和"是天下万事万物最普遍通行的准则。无论从中国思想，还是从西方理论，我们都知道，世界是从阴阳平衡的"无极"中点向外无限发展的过程，万事万物纷繁复杂，小至无内，大至无外的，是谓"太极"。

如果把"中"理解为未发的原始状态，那么发出来的任何成风致雨状态都是在某一定程度一定范围内产生的"和"，形成了万事万物。可以理解为，世间万物都是因缘合和而成的果，是客观存在，都有其存在的合理性和理由，无善恶美丑之分。把极端视为与中庸相对的一面,是人们根据自己的喜好评判的结果。《道德经》第二章:天下皆知美之为美,斯恶已;皆知善之为善,斯不善已。有无相生,难易相成,长短相较,高下相倾,音声相和,前后相随。是以圣人处无为之事,行不言之教;万物作焉而不辞,生而不有,为而不恃,功成而弗居。夫唯弗居,是以不去。极端是事物向两极发展的趋势和状态,是相对的。多与少、大与小、高与低、长与短、干与湿等,具有时空相对性。沙漠地区降水少、阳光多,而赤道带相对沙漠地区则具有降水多、阳光少的气候相对差异。赤道带不同的区域在不同的时期又有差异,存在时间和空间上的相对性。凡事都不是绝对的,科学更是具有严谨的相对性。

从数学几何的角度,可以形象简单地从以一个点为开始,经过这个点画一条直线来描述。初始的无极"点"为中,从中心向两端无限延伸,没有"极"点。在现实世界中,时空是有限的。我们可以把对长时间序列的观测记录样本经过整理,找到数据样本的最大值和最小值,并以之为两极,以计算得到的样本平均值或中位数为中点。这样,我们可以画一线段用一维坐标,简要量化阐述"极""端""极端"和"中"或"平均"的关系如图 3.1 所示。

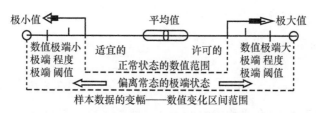

图 3.1　一维坐标表示极端状态指标阈值示意图

极点和端点指的是最大值和最小值或极大值和极小值的两点,也就是 n 个样本的数据序列 $x_i (i=1,2,3,\cdots,n)$ 取值线段的两极和两端。如果以 $x_{\min}$ 代表极小值,$x_{\max}$ 代表极大值,平均值为 x_{avg},我们用偏离程度或极端程度描述远离平均值的远近或大小,相应地,就有与极端程度对应的极端阈值,如图 3.1 所示。如果样本数据符合正态分布或均匀分布,则平均值(或中位数)标注在线段中间,以平均值为基准向上向下或向大向小,从线段上则可以描述为向左向右或向前向后,在一定区间范围内被当作正常状态的数值范围。超过这个范围,即从正常范围阈值的上下限,继续向上向下或向大向小,则在线段上就是偏离正常范围或偏离平均值,向两端发展。不同的偏离程度对应着不同的偏离阈值,可以称之为极端程度和极端阈值。偏离正常范围的状态,相对于正常状态可简称为极端状态。偏离平均值的数值绝对值越大,表示偏离平均值就越远,说明偏离正常状态或平均状态的程度就越大,其极端程度也就越大,即离极值越近。偏离程度最大的数值,也就是极端程度最大的数值,对应着两个极(端)点,即极大值和极小值。

极端程度和极端阈值是相对于偏离平均值来说的。从平均值向极大偏离的程度越大,极端阈值就远离平均值越接近极大值;从平均值向极小偏离的程度越大,极端阈值就远离平均值越接近极小值。极端程度最大的阈值是极大值和极小值,偏离程度的量值可以用数理统计中的标准化处理变量值来评判。

这里以北京市地面气象观测代表站 54511 台站观测的 1981—2018 年的年均温变化为例。年均温 $x_i(i=1,2,\cdots,n)$,这里以 1981 年为第 1 年,1982 年为第 2 年,……2018 年为第 38 年,样本数 $n=38$。38 年的年均温多年平均值 $\bar{x} = \sum\limits_{i=1}^{n} x_i/n$,均方差(也称标准差,Standard Deviation)$\delta = \sqrt{\sum\limits_{i=1}^{n} (x_i - \bar{x})^2/n}$。如图 3.2 所示,北京地区年均温的 38 年平均值为 13.1 ℃,最高值 14.2 ℃出现在 2017 年,最低值是 1985 年的 11.6 ℃,均方差 0.5756 ℃。从图 3.2 可以得知年均温的年际变化,哪些年份相对高,哪些年份相对低,且偏离平均值多少等。经过标准化处理,得到的年均温标准化值的年际变化曲线(图 3.3)从形状看与图 3.2 一致,但图 3.3 更能直观地看出历年与平均值之差是均方差的多少倍,且是正偏离还是负偏离等。标准化变量 0 对应原变量平均值(在统计中表示正常或稳定状态),正值对应正偏差,负值对应负偏差,偏差绝对值越大表示偏离程度越大,即极端程度越大。一般地,标准化变量绝对值大于1则是异常状况,大于2则极端程度比1相对更大一些,如果大于3则极度异常或不稳定。从图3.3可知,1984年和1985年年均温相对较低,标准化年均温低于−2.0℃。在这个低温期之后的33年里,则没有此类极端低温的情况发生,标准化年均温则没有大于2.0℃的高温年。

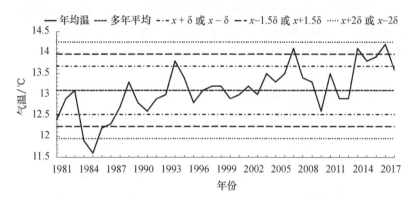

图3.2　北京地面气象站年均气温的年际变化(1981—2018年)

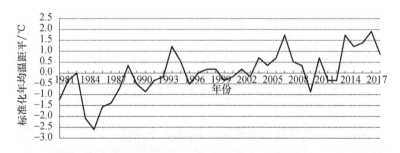

图3.3　标准化年均气温距平年际变化(1981—2018年)

各地气温一般服从正态分布。冷暖温度划分指标也多以正态分布为前提,以平均值作为冷、暖气候状态的对称点,并考虑不同地区、不同时段的温度变化幅度,确定冷暖等级。以某年某时段的平均温度与多年同时段温度的平均值之差除以同期温度的标准差所得的商,表示冷暖指标 CHI(Cold and Hot Index)。用冷热明确指

数划分出 7 个等级:CHI≤−2.0 为异常冷,样本累积概率 3%;−2.0≤
CHI<−1.04 为冷,样本累积概率 12%;−1.04<CHI≤−0.52 为偏
冷,样本累积概率 15%;−0.52<CHI<0.52 为正常,样本累积概率
40%;0.52≤CHI<1.04 为偏暖,样本累积概率 15%;1.04≤CHI<
2.0 为暖,样本累积概率 12%;CHI≥2.0 为异常暖,样本累积概率
3%。世界气象组织(WMO)规定温度异常指标用 CHI 表示,也是
CHI≤−2.0 为异常冷和 CHI≥2.0 为异常暖。我国气温异常气象
行业标准见表 3.1。

表 3.1 气温异常等级

等级名称	指标
异常偏高	$\Delta T \geqslant 2\sigma$
明显偏高	$\sigma \leqslant \Delta T < 2\sigma$
偏高	$0.3\sigma \leqslant \Delta T < \sigma$
接近常年同期	$-0.3\sigma \leqslant \Delta T < 0.3\sigma$
偏低	$-\sigma \leqslant \Delta T < -0.3\sigma$
明显偏低	$-0.2\sigma \leqslant \Delta T < -\sigma$
异常偏低	$\Delta T < -2\sigma$

注:表中 ΔT 为预报时段内的平均气温距平。σ 为 n 年预报时段气温距平标准差(均方差)的统计值,计算公式为 $\sigma = \sqrt{\sum_{i=1}^{n}(\Delta T_i - \overline{\Delta T})^2 / n}$

旱涝灾害主要是由于降水不足或过多所致。以某年某时段的
降水量与多年同时段降水量的均值之差除以同期降水量的标准差
所得的商,表示旱涝指标 DFI(Drought and Flood Index)。用旱涝
指数划分出 7 个等级:DFI<−1.5 为极旱;−1.5≤DFI<−1.0 为
大旱;−1.0≤DFI<−0.5 为偏旱;−0.5≤DFI<0.5 为正常;0.5≤
DFI<1.0 为偏涝;1.0≤DFI<1.5 为大涝;DFI≥1.5 为极涝。

根据降水量划分旱涝等级的指标和方法较多,除以上的 DFI
外,还有反映某时段降水量相对于同期平均状态偏离程度的降水距

平百分率 DAP(Distance Average Percent,％)和表征旱涝的空间分布以及程度的 Z 指标。旱涝等级划分的指标和方法因地区不同而有差异。这里列举辽宁 3 种旱涝指标,如表 3.2 所示。

表 3.2　3 种旱涝指标及旱涝等级对照(孟莹 等,2004)

旱涝等级	旱涝类型	降水距平百分率 DAP/％	旱涝指标 DFI	Z 指标	修正 Z 指标
1	重涝	DAP≥75	DFI≥1.5	Z>1.645	Z>1.573
2	大涝	50≤DAP<75	0.8≤DFI<1.5	1.037<Z≤1.645	1.167<Z≤1.573
3	轻涝	25≤DAP<50	0.3≤DFI<0.8	0.842<Z≤1.037	0.624<Z≤1.167
4	正常	−25<DAP<25	−0.3<DFI<0.3	−0.842≤Z≤0.842	−0.624≤Z≤0.624
5	轻旱	−50<DAP≤−25	−0.8<DFI≤−0.3	−1.037≤Z<−0.842	−0.986≤Z<−0.624
6	大旱	−75<DAP≤−50	−1.5<DFI≤−0.8	−1.645≤Z<−1.037	−1.461≤Z<−0.986
7	重旱	DAP≤−75	DFI≤−1.5	Z<−1.645	Z<−1.461

　　从农业气象学的角度,农业生物对气象要素都有一定的适宜范围,如果气象要素值在这个适宜的或可接受的数值区间范围,便是正常的,即农业生物可以正常生长发育。但如果超过了这个许可范围,温度或高或低、降水或多或少、阳光或强或弱、风或大或小等,就都会在一定程度上抑制生物的生长发育。简单地,以图 3.4 描述作物生长发育速率对温度的反应来说,就有三基点和五基点之分。对于作物的每一个生命过程来说都有三个基点温度,即最适温度、最低温度和最高温度。在最适温度下作物生长发育迅速而良好,在最低和最高温度下作物停止生长发育,但仍维持生命。当气温高于生育最高温度或低于生育最低温度时,则作物开始不同程度地受到危害,直至死亡。所以在三基点温度之外,还可以确定最高与最低致死温度指标,统称为五基点温度指标。不同作物在不同的发育阶段有不同的三基点温度和五基点温度指标。当作物处于不同的生物学过程时,三基点温度也不相同。以喜凉作物的光合作用和呼吸作用的三基点温度相比较,一般而言,光合作用的最低温度为 0～5 ℃,

最适温度为 20~25 ℃,最高温度为 40~50 ℃;而呼吸作用最低、最适、最高温度分别为－10 ℃、36~40 ℃与 50 ℃。例如,根据研究结果,马铃薯在 20 ℃时光合作用达最大值,而呼吸作用只有最大值的 12%;温度升高到 48 ℃时,呼吸作用达最大值,而光合作用却下降为 0。由此可见,温度过高,光合作用制造的有机物质减少,而呼吸消耗大于制造,这对作物是很不利的。三基点温度中,最适温度接近最高温度,而远离最低温度。三基点温度是最基本的温度指标,用途很广。在确定温度的有效性,作物的种植季节和分布区域,计算作物生长发育速度、生产潜力等方面都必须考虑三基点温度。此外,还可根据各种作物三基点温度的不同,确定其适应的区域,如 C_4 植物由于适应较高的温度和较强的光照,故在中纬度地区可能比 C_3 植物高产;而在高纬度地区,C_3 植物则可能比 C_4 植物高产。温度与作物生长发育速率关系是普遍的,这种关系同样适用于其他气象要素对农业生物的影响和作用。

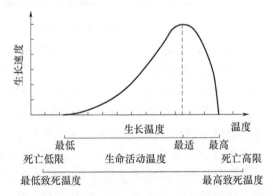

图 3.4　植物生长发育与生命活动的基点温度指标示意图

第二节　极端指标的统计特性

一般地,极端指标随极端程度而变化。不同地区,相同极端程度的极端指标也可能不同;相同地区,不同时期的相同极端程度的极端指标也可能不同。极端指标具有时空差异、随时间和空间而变化的特性。简单讲,就是极端指标具有时空变化特性。气象要素的变化从时间上,在现阶段还存在着诸多不被人们掌握的不确定性,因而常被看作是随机事件。气象要素中的温度和降水量也常被视为随机变量,在进行数据统计分析和预测预报时,温度随时间的变化是以连线表示的,因为温度被视为连续型随机变量。而降水量随时间的变化是以直方图表示的,因为降水量是一个离散型的随机变量。在空间一定的情况下,温度和降水量随时间变化,理解为要素随时间的分布类型或规律。不知道存在什么规律的称无规律或无序,有规律或可按已知函数描述的称有序。在时间一定的情况下,气象要素的空间分布称为空间变化。在空间分布上具有属性或特征相同的称空间同质性,否则称空间异质性。不同的温度和降水量等气象要素随时间和空间变化的特征,就是该要素的时空分布特性。

从某些或某个现象或事件来说是随机的,具有样本随机性;但从总体来看,却是有规律的,具有确定性。对某事件的预测,很难掌控的就是准确的时间和空间。如果模糊了时间和空间,可以说所有的事件都是能预测到的,但能否准确就难在这时间和空间尺度上。从天气预报来说,中国幅员广阔,全国同时下雨的可能性不大,有地方在下雨也同时还有地方无雨。只要有地方下雨,就说预报准确的话,中国的天气预报可以天天预报下雨。显然,这个空间尺度、精度不够,也没有什么实用价值,我们要求对各县各乡进行预报,这个空间尺度就小多了,难度也就大多了。现在的科技水平,基本可以做到一个县一个乡的预报,但精准度仍有待提高。一个乡一个村还不够,如果能精准到哪片农田甚至哪个山坡,那就更好了。从空间来说,我们希望空间尺度能再小一些,定位能更加精准一些。除了对空间尺度不断精准化的要求,我们在时间上是不是也希望预报的不是 24 h 内是否有无下雨,而是什么时间、几点几分开始、几点几分结束,雨量是多少,强度有多大。具体到精准精细的某时某地的天气预报就难了,目前的科技水平还不能满足这种需要。

现象和过程存在着运动和趋势的不确定性,不能准确预测,故称之为随机现象或随机过程。如同扔硬币一次,收获正面和反面是随机的,这种随机性看似无序,有可能扔 10 次都是正面,也可能都是反面,也可能正反各半,还可能正 3 反 7,也有可能正 4 反 6 等,总共有 2^{10} 种可能,即 1024 个结果。这种随机事件和随机过程,表面看是无序的,但无序中存在着有序的规律,即其本质上是存在确定性的貌似随机现象。当样本数量确定时,最大的可能结果是确定的;当样本无限大,从有限的样本趋向事件总体的时候,正面与反面的概率是相等的。

1963 年,美国著名的气象学家洛仑兹发现气候变化中的混沌现象,认为混沌现象的随机和无规则行为来源于确定性和有序性,它具有貌似随机却并非随机的特性。气候变化具有混沌特性,在表面看来是无序的、随机的,但却是在气体初始状态条件下按气体状态方程变化规律发展的,是有规律的、有序的。那么,无序与有序有何关联?世界是无序的还是有序的呢?越来越频繁而严重的极端天气气候灾害事件,让我们感受到气候变化的无序。这看似无序的气候变化中是否存在着有序的致动因缘呢?其实,中华民族几千年就在使用混沌研究和预测事物的发展变化。《易经》中的卦爻就是这种智慧。当然,卦爻中很大程度上是定性的描述,缺乏定量的判断。在应用过程中很难把握准阈值或界限,或恰到好处地掌控分寸和度量。也许,这就是哲学和科学的差别吧?下面,我们从中华传统文化中找找事物发展时间周期性和突变转折点的哲学理论依据吧。

《道德经》第三十六章:将欲歙之,必固张之;将欲弱之,必固强之;将欲废之,必固兴之;将欲夺之,必固与之。这种张弛有序,是自然彰显的规律。意味着,达到一个极端状态,即是这个状态终结之时,也是步入另一个极端状态的开始。即要终结这个状态,则要使之达到这个状态。这在时间上,表现为周期性。简单地讲,温度的周期性具有明显的日周期和年周期,温度变化的这种周期性,是由日地关系导致的地表净辐射的周期性变化主导的。同时,我们也知道,温度变化并不是绝对的呈现周期性,也有前后波动的非周期性,非周期性则主要是由于空气运动导致热量的空间交换而产生的。实际空气温度变化则是这种周期性和非周期性相互叠加的结果。降水也呈现出周期性和非周期的变化规律,周期性也是日地关系所致,地表辐射平衡引起的气压系统分布的年周期性变化,形成降水的年周期性变化规律。

生物适应环境的过程,是一个不断调整的变化过程。环境在变化,生物在变化,生态在变化,这种变化是相互作用、相互影响、相互调整的。相对于人类生活的地球、相对于地球所在的太阳系、相对于太阳系所在宇宙空间等,作为探究自然规律主体的人类不仅生活的空间相当狭窄,而且生活的时间也相当短暂,即使利用人类的传承智慧,对自然的认识也只是冰山一角,用有限分析无限,在物质的世界里是无法摆脱时空局限的。

变量的分布类型在统计学上,通常用概率密度分布和累积分布两类模型来描述,多用函数关系、统计方程和图形表示。

不同地区的不同气象要素样本序列具有不同的分布类型,通常视温度和降水量为正态分布,在应用过程中对于不具有正态分布的偏态分布经过处理转化为正态关系。其实,气象要素分布类型已经发现的就有很多种,通常用二项式分布统计分析风的变化特征、泊松分布研究冰雹发生发展趋势等。用已知的概率密度分布来描述和研究气象要素发现,有些地区的降水量遵从正态分布,如图 3.5 纵坐标表示标准降水指标发生的相对概率,横坐标为标准降水指数(SPI,Standard Precipitation Index)。图 3.5 所示在 SPI 取值在正常范围 SPI∈$[-1.0,1.0]$发生概率相对较大,而 SPI<-1.0 的降水不足与 SPI>1.0 的降水过多的情况或状态相对较少,属于偏离正常逐渐趋向极端的降水事件。

从图 3.5 所示的概率密度分布来看,平均值 SPI 取 0,从平均值向左、右两边偏离,指标变大或变小,在 $-1.0\sim1.0$ 属降水状态的基本正常范围,表示处于当地降水量不多不少的年景情形;SPI 偏离达到 -1.0 和 1.0 时进入干湿的边界,SPI 向干旱一端的负值绝对值越大,表示远离平均值或正常状态向干旱偏离的极端程度越大,极端程度可以分为不同的等级,相应等级有相应的极端程度对应的极端阈值;从图3.5可知,[-0.5,0.5]为正常,[-1.0,-0.5)为轻度旱,[-1.5,-1.0)为中度旱,[-2.0,-1.5)为重度旱,<-2.0为严重旱;(0.5,1.0]为轻度涝,(1.0,1.5]为中度涝,(1.5,2.0]为重度涝,>2.0为严重涝。对图3.1中所提到的极端程度和极端阈值,可以通过图3.5直观清楚地表述出来。从图3.5不难看出,这是明显的正态分布,图形两边是对称的,极端程度与极端阈值指标也是对称的,是一种最简单也是最常用的气象要素分布情况。但并不是所有的气象要素都具有相同的分布类型,也并不都是正态分布。这里只是为了便于读者理解基本概念,采用此图浅显介绍说明极端程度和极端阈值而已。

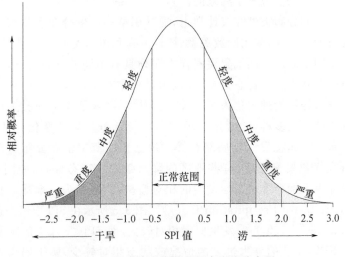

图 3.5　标准降水指数的概率密度分布图

有些地区降水量遵从 t 分布,有些地区遵从皮逊型分布,也有些地区遵从泊松分布等。受样本限制,进行统计检验时,检验指标具有"均值优惠",对偏离均值的极端样本或极端数值则常被轻视或忽略。受样本数量和人类认知的限制,人类对很多客观存在的概率分布函数关系掌握不够,认识不清,除已构建的函数关系外,还有很多尚未发现的分布类型。如果我们满足现状,以静态的自以为圆满的当前认知去解释一切,用已有的认识去解释未知的领域,并以为掌握了科学,探究了机理的话,就是故步自封。无知的领域永远大于已知的,无穷尽的智慧永远大于正确和不正确的知识。探究科学的人,一定要具有置疑和批判与发展的思想、永无止境的求索精神。利用现有模型和方法去验证未知事物的做法是片面和偏执的,是存在问题的,也是不可靠的。在科学的道路上,一定要具有"不唯上、不唯书、不唯师,只唯真、只唯实"的求知求道理念和探索精神。

如果实验手段和方法是严谨认真的,得到的数据和结果与现行公认的结论相背行,需要做的只是仔细检验实验的每一步并重复实验,确保每一步都是科学的,如果实验结论仍然独特,那么可能是有新发现。千万不要因为结果与结论不同就放弃探索,更不可以为迎合所谓权威而更改数据、杜撰图表,以发表所谓高影响因子的论文,去获得学术奖励或名誉地位。我们还是回到概率密度分布函数 $f(x)$ 继续谈随机变量。如果不能确定研究对象的概率密度分布类型,而硬要用已知的密度分布类型去模拟和预测,就可能在"优惠均值"的统计检验过程中,把影响重大的极端事件漏掉,也许这正是致命的"最后一根稻草",虽然微小,但却是导致质变的关键所在。因此,对于不能确定样本是否具有总体特性,不能用概率密度分布函数 $f(x)$ 构建函数关系时,可以考虑根据样本的累积频率分布关系 $F(x)$ 描述,至少这种关系是基于事实的统计关系。分布函数 $F(x)$ 又称为分布的累积函数或分布的累积频率。

气象要素值总体上是无限的,无法求出真正的概率值。一般只能利用尽可能长的历史资料,通过求频率来代替概率,这种概率称为气候概率。在一定时段内某一气象要素值大于等于(或小于等于)某一界限值的累积概率值,即大于等于(或小于等于)某界限值的分布函数,也称为保证率,也就是累积频率。因此,保证率也常当作气候概率,用于说明该气象要素出现的可靠程度。保证率取值和概率一样,只能在 0~1 变化,小数点后保留一位有效数字。计算保证率首先应了解样本的总体分布,一般先对样本进行由大到小或由小到大的排序。这里根据某地 110 年 6 月份降水量数据序列,绘制某要素或变量的保证率分布,如图 3.6 所示。

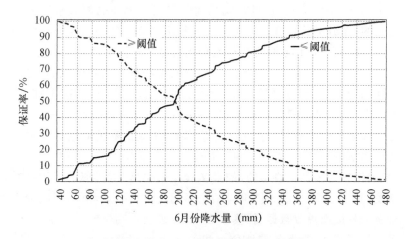

图 3.6　某地区 6 月份降水量保证率曲线

通常将保证率≤5％的事件称为小概率事件,≤1％的事件为极小概率事件。在农业生产中,通常要求满足保证率达到 80％、90％或 95％。按图 3.6 的保证率曲线,测算不同保证率对应的降水量阈值和降水量范围对应的保证率。从图 3.6 可得知,该地区 6 月份降水量≤56.9 mm 和≥391.7 mm 的保证率≤5％,属小概率事件;降水量≤40.4 mm 和≥458.1 mm 的保证率≤1％,属极小概率事件;降水量≤290.3 mm 和≥115.6 mm 的保证率 80％,降水量≤316.3 mm 和≥99.6 mm 的保证率 85％,降水量≤347.8 mm 和≥62.8 mm 的保证率 90％,降水量≤391.7 mm 和≥56.9 mm 的保证率 95％,降水量≤458.1 mm 和≥40.4 mm 的保证率 99％,降水量≤478.2 mm 和≥34.9 mm 的保证率 100％。不同保证率对应的极端指标阈值是不同的,说明累积概率或保证率代表着极端程度。保证率最大值对应的累积频率极端值是 0 和 100％,相应的降水量阈值就是历史上出现的极小值和极大值。小于极小值和大于极大值的保证率为 0,

大于等于极小值和小于等于极大值的保证率是100％。

从运用图3.6的保证率曲线得到的不同保证率对应的阈值和不同阈值对应的保证率可以看出：保证率曲线图对极端程度和极端指标是很明显直接的，而且简单、直观、明白、清楚地量化了极端程度。无论样本数据序列具有怎么样的概率密度分布函数类型，不需要计算出某个数值或某数据范围的概率，也不必参照对比分析分布函数，拟合样本的分布统计关系等，直接根据样本序列，按次序计数法就可以绘制保证率曲线并获得在保证率0～100％对应的要素阈值及其范围。平均状况对应着50％的保证率，极端程度就是偏离50％向0和100％的方向，在数理统计学中，一般以小于5％和大于95％为小概率，小于1％和大于99％为极小概率，属于极端程度较高的情况。气象学领域参照IPCC对极端事件的定义，以小于10％和大于90％的概率为极端。农业生产中对新技术和新品种的引入，通常要求80％的保证率，故以小于20％和大于80％为极端。至于人们在生产和生活及实践活动中，对某事物能否接受的极端程度要求可能不同，有时可能要求保证率80％，有时可能要求更高，需要保证率达到90％或95％，有些甚至要求万无一失的100％的保证率。因为要求的保证率不同，极端程度及其对应的极端阈值指标也就不同。但通过保证率曲线图，根据对保证率的需要，也可以理解为对极端程度的许可，按极端程度（也可以理解为保证率）获得准确且量化的极端阈值及数据指标范围是可行且简单容易的。

以保证率测算来分析农业洪涝灾害风险为例。农业洪涝灾期主要是指因暴雨集中、降水量大而形成洪涝并致使农业受灾的时期。安徽省沿淮地区的农业洪涝灾期一般出现在梅汛期及其以后的一段时期。农业洪涝灾情与梅汛期长度和雨量密切相关，梅期长、雨量大的年份多会出现农业洪涝灾害。安徽省沿淮地区最常见的秋季作物有黄豆、水稻、玉米、山芋、棉花、绿豆、花生、芝麻等，生育期多在4月上旬到10月上旬，或在6月中旬到10月下旬。这些作物的生育中期或前期恰逢梅汛期，极易遭受洪涝的危害。典型年份的洪涝灾害几乎都造成绝收，而一般年份的洪涝也会明显减产。

根据安徽省气象局 1951—2005 年入梅期和出梅期资料,绘制安徽省沿淮地区入梅、出梅和梅期长度的保证率曲线(图 3.7)。沿淮地区由于地势低洼、汛期多雨,内涝外洪频繁发生,以致农作物生育不良、收成不稳,给农业带来巨大损失。小麦是安徽省沿淮地区最重要的夏季粮食作物,其生育期主要在 10 月中旬到次年 6 月初。如果梅汛期来得早,则会影响小麦后期发育成熟和收割脱粒。例如 1991 年雨季正处小麦发育后期,即将成熟的麦子淹没在水中不能收割,也无法晾晒脱粒,结果几乎颗粒无收。比较稳产的小麦,也存在着梅汛期洪涝风险。洪涝危害是多方面的,而灾期最长、范围最广、灾情最重的是农业。

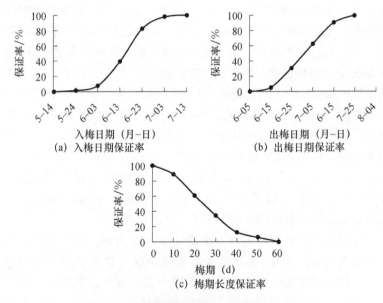

图 3.7 安徽省沿淮地区入梅、出梅和梅期长度的
保证率曲线(郁家成 等,2007)

运用累积频率分布研究气象因子对农业致灾的可能风险与灾情是一种常用且有效的方法。本书后续章节中对水热因子的极端指标就是基于此方法统计分析得出的。

第三节　极端天气与气候指标

天气和气候是大气科学的两个基本概念。天气(weather)是以气象要素值和天气现象表征的瞬时或较短时期的大气状况。气候(climate)则指一个地区多年的大气状况,包括平均状况和极端状况,通过各种气象要素的统计量来表示。天气和气候都具有时空特性。对于某地而言,气候具有相对稳定性,而天气则具有多变性和不稳定性。天气和气候既有联系,也有区别,最大的区别就反映在时间尺度上。天气是瞬息多变的,而气候是相对稳定的。狭义上的气候通常被定义为平均天气状态,或在更严格意义上,则被定义为对某个时期(从几个月到几千年乃至几百万年不等)相关变量的均值和变率进行统计描述。根据世界气象组织的规定,求出这些变量均值的时间长度一般为 30 年气候系统的状态,包括其统计学意义上的描述。

地面天气预报就是通常所说的天气预报。天气预报是根据已获得的天气信息,对不同区域未来不同时段天气进行的科学推断。天气信息包括气象要素、天气现象、天气系统、天气形势、各种物理量、雷达天气回波、卫星云图,以及天象、物象的形成、数量、分布和演变。天气预报分为形势预报(即各种天气系统的生成、消亡、强度的变化、移动)和气象要素(气温、降水和风等)预报。从预报时效上看,目前一般将天气预报分为临近天气预报(0～2 h)、短时天气预报(0～12 h)、短期天气预报(1～3 d)、中期天气预报(4～10 d)、延伸期天气预报(11～30 d)和短期气候预测(2 周至 1 年或 2 年)。从预报范围来看有全球、全国、省、县、市或更小范围(如飞机场、码头等)和地带(如航空线)等。

根据大气运动可预报性的研究,对于大尺度运动,从理论上讲,预报时效可以达 2 周左右,而目前只能达 5～7 d。可见预报的潜力还远没有发挥出来。因而近年来世界气象组织开展的全球大气观测计划,主要目的之一也在于提高天气预报的水平。在这方面,通过广泛的观测试验、综合分析、理论研究和数值模拟试验等工作,可望在不久的将来会有较大提高。天气预报逐渐走向客观定量的物理化时期。但是也应该指出,对于一些剧烈天气或局地预报,尤其是台风和气旋的发展、强雷暴和暴雨的突发等现象,还不能完全依靠机器做出预报,预报员的经验仍具有相当的地位。并且预报的途径也应是多种方法的综合应用。

因为大气运动非常复杂,大气中包含有大大小小的各种运动,而人们对大气本身的运动认识还很不足,对大气外界因子的认识就更差一些,对于大气演变的规律性掌握不够,故天气预报水平不高。但是,科学总是在不断地向前发展的,不会永远停留在一个水平上。只要在预报实践中,不断总结经验,对大气过程和外界因子的作用进行更深入的研究,天气预报的水平就会不断提高。

气候是指一个地区多年的大气状态,包括平均状态和极端状态。人类早在远古时代就有了气候的概念。我国古代以 5 日为一候,3 候为一气,把一年分为二十四节气和七十二候,各有其气象和物候特征,合称为气候。一个地区的气候条件通常使用气候要素的平均值和极端值表示。描述各地气候的气象要素主要有辐射、温度、降水、蒸发和风等,各要素既相互独立又相互影响,且具有明显的时空变化规律。根据气候学研究,某地的气象记录档案连续积累了 30 年之后,基本上就可以反映出该地气候的基本状况和主要特征。世界气象组织(WMO)规定标准气候平均值统计时期为 30 年,以 1901—1930 年为起始,规定 30 年作为一个基准时段,每 10 年对历史观测资料进行统计整编作为区域气候标准值。受基本观测数据的限制,中国以 1951—1980 年作为标准气候值第一时段,以后每 10 年进行一次统编。气候平均值(climate normal)不仅作为标准与最近或目前的观测资料进行比较提供依据,而且在实践指导中作为某地最可能出现的预测状况被广泛应用。

观测事实表明,地球上的气候一直不停地呈波浪式发展。根据气候记录、史记、地方志、考古及地质沉积物和古生物资料分析,地球气候史的时间上限,目前可以追溯到(20±2)亿年前。根据时间尺度和研究方法,地球气候变化史可分为 3 个阶段:地质时期、历史时期和近代。在这几个时期中,不仅气候变化的时间尺度不同,而且气候形成的原因也不同,因此,研究气候变化的资料来源、分析研究方法也就不同。

气候的形成和变化受多种因子的制约。近代气候学将那些能够影响气候而本身不受气候影响的因子称为外部因子,如太阳辐射、地球轨道参数的变化、大陆漂移、火山活动等;气候系统各成员之间的相互作用称为内部因子。外部因子必须通过与系统内部因子的相互作用,才能对气候产生影响。总的来说,对气候形成和变化有影响的因子可归纳为:①太阳辐射;②宇宙地球物理因子;③环流因子(包括大气环流和洋流);④下垫面因子(包括海陆分布、地形与地面特性、冰雪覆盖);⑤人类活动的影响。

太阳辐射和宇宙地球物理因子都是通过大气和下垫面来影响气候变化的。人类活动既能影响大气和下垫面,从而使气候发生变化,又能直接影响气候。大气和下垫面、人类活动与大气及下垫面之间又互相影响和制约,形成了重叠的内部和外部反馈关系,使同一来源太阳辐射的影响不断地来回传递、组合、分化和发展。在长期的影响传递过程中又出现许多新变动,它们对大气的影响与原有变动产生的影响叠加起来交错结合,以多种方式表现出来,使气候变化更加复杂。

气候预报也称气候预测或气候展望。对某一区域未来气候的展望,在中国常指预测期在一年或两年的超长期预报。气候学方法预报是根据气候演变规律制作预报的方法。一般在掌握了某区域或某地点多年的气候资料之后,就可统计得到有关要素的平均值、频率图等资料。作预报时,把相应时期的气候值作为未来天气要素的数值。由于这种办法可以不考虑大气环流短时特点,故可用于作时效较长、缺乏实时资料或低纬度地区的天气预报。预报结果一般仅作为气候背景参考使用。

极端天气事件(Extreme weather event)是指在一定时间内特定区域出现的罕见的小概率天气事件。从统计意义上说,极端天气是指天气的状态严重偏离其平均水平。WMO 对极端天气事件的定义为：一种在特定地区和年内某个时间的罕见事件。罕见的定义有多种，但极端天气事件的罕见程度一般相当于观测资料估计的概率密度函数的第 10 或第 90 个百分位数。按照定义，在绝对意义上，极端天气特征因地区不同而异。当一种类型的极端天气持续一定的时间，如一个季节，它可能可以归类于一个极端气候事件，尤其是如果该事件产生的平均值或总量达到了极端状态（如一个季节的干旱）。

极端天气气候事件是天气或气候变量值高于（或低于）该变量观测值区间的上限（或下限）端附近的某一阈值时的事件，其发生概率一般小于 10%，是相对于绝大多数较平常的事件而言的异常事件。由于天气和气候是具有时空特性的，因此极端天气和极端气候也是具有时空特性的。也就是极端指标一定对应着某时间和某空间，离开时间和空间，极端事物和极端指标就失去了意义。因此，我们一定会谈某地区的极端事物，在某时段或时期的极端指标等。为了具有可比性，从数学统计的角度，可以规定 30 年为基准时段统计平均值，反映一个相对稳定状态。极端状态则比平均情况要复杂得多。一般地，时间越长、空间越广，极端事件和极端指标发生变化的幅度和范围也就越大。因此，如果固定空间论时间，某地区极端天气气候指标的统计结果，是依赖于统计时间长短的。同样，固定时间论空间，相同统计时期的不同地区的极端天气气候指标也是有差异的。极端天气气候指标是随时间和空间而变化的，具有随时空变化的特性。

在行业标准信息服务平台（http://hbba.sacinfo.org.cn/），通过行业领域（气象）或部委（中国气象局）进行有关暴雨和高温低温的相关标准查询，了解气象行业的水热指标标准。在气象防灾减灾方面，《暴雨灾害等级》根据大量暴雨灾害灾情资料，选取农作物受灾面积、直接经济损失、死亡人口等有具体灾情记录的项目，结合降水强度、降水持续时间、强降水范围等暴雨致灾的气象因子指标，综合划分暴雨灾害等级，定量评估暴雨灾害对社会造成的影响程度。

《中国农业百科全书·农业气象卷》指出，"暴雨是强度很大的雨",我国以日降水量≥50.0 mm 的降雨为暴雨。2001 年政府间气候变化专门委员会(IPCC)的评估报告指出,强降水属极端天气气候事件。作为强降水事件的暴雨,归属于极端天气气候事件,具有明显的地区差异,因此,暴雨指标也应有地区差异。中国气象局《地面气象观测规范》规定,日(24 h)雨量达到 50.0 mm 为暴雨,并以之为指标分析全国暴雨时空分布特征和开展业务服务。而新疆吐鲁番年均降水量虽然只有 16.6 mm,1958 年 8 月 14 日的降水量却高达 36.0 mm,如果按 50.0 mm 的国家暴雨标准,吐鲁番这次罕见的强降水事件只能列为大雨。马淑红等(1997)根据属干旱、半干旱地区的新疆暴雨成灾事实、暴雨特点以及河川与下垫面渗透力情况,把日降水量≥20.0 mm 作为干旱区暴雨指标和日雨量≥25.0 mm 为半干旱地区暴雨指标。杨霞等(2009)以日降水量≥24.0 mm 作为新疆地区暴雨指标。因此,有人提出中国各地气候、地理及农业生产特点不同,暴雨标准也应有所不同。但如何确定区域暴雨指标,并检验该暴雨指标的合理性仍有待深入探索。

采用 IPCC 对极端天气气候事件的定义和极端事件指标的界定方法,以北京地区为例,在计算区域历年暴雨天气指标,运用 IPCC 极端天气气候事件指标确定方法计算得到北京地区暴雨天气指标在 10.4～38.8 mm 波动,暴雨气候指标为日降水量≥27.5 mm。按中国气象局相关规定,日降水量≥0.1 mm 计为有雨日。统计北京历年有雨日的日降水量概率分布特征,按 IPCC 的极端天气事件累积分布函数值90％计算区域暴雨天气指标 B_1,然后统计历年暴雨指标 B_1 的概率分布特征,并按 IPCC 的极端气候事件累积分布函数值90％得到区域暴雨气候指标 B_2。以日降水量≥50.0 mm 的国家暴雨指标计为暴雨指标 A,以暴雨指标 A、指标 B_1 和指标 B_2 分别统计历年暴雨日数和暴雨日总暴雨量。通过计算历年的暴雨日数和暴雨量,统计分析年降雨日数、暴雨日数和年降水量和暴雨量与作物洪涝受灾率的相关关系,得出年降雨日数和暴雨日数都不能真实地反映作物洪涝受灾率,而年降水量和暴雨量与作物洪涝受灾率则具有明显的线性正相关关系。以区域暴雨气候指标统计的暴雨量与作物洪涝受灾率相关程度最高,建议以暴雨量来预测评估洪涝灾害时,采用区域暴雨气候指标。按 IPCC 极端天气气候事件指标确定方法,区域暴雨气候指标值随区域暴雨天气指标数据序列变化而变化,如区域或样本变化时区域暴雨指标应按 IPCC 方法计算确定,不可简单照搬国家暴雨标准或该研究的计算结果。

对于气温的极端天气气候指标统计,根据逐日最高气温和最低气温数据,也可以根据逐日的日平均气温数据,结合作物生长发育对温度的反应,统计分析高温或低温的极端指标。这里以水稻为例进行阐述:水稻原产于亚热带地区,属于短日照作物,在生长发育期间,较高的温度可以加快水稻生长发育,缩短生育期,但温度过高对水稻生长发育会产生不利影响。抽穗开花期是水稻生殖生长最敏感的时期,高温会导致花粉败育和子房受精受阻,从而导致结实率下降。水稻高温伤害主要发生在抽穗开花期,此时最适宜的温度为 $25 \sim 30\ ℃$,日平均温度 $30\ ℃$ 以上就会对水稻生理活动产生不利影响。在自然状态下,水稻花粉寿命只有 $5 \sim 10\ \mathrm{min}$,萌发的最适温度为 $20 \sim 30\ ℃$,高温会影响授粉受精过程,导致授粉不良、花药不开裂、花药萌发困难等,但高温对雌蕊的影响相对较小;小花的不育性大多是由开花当日的高温诱发的,且开花后 $1 \sim 3\ \mathrm{d}$ 的高温也有较大的影响。有研究指出,水稻花期受到热害影响的临界温度为白天气温 $\geqslant 35\ ℃$,夜间温度 $\geqslant 25\ ℃$,并以日最高气温 $> 35\ ℃$ 定为水稻抽穗开花期的热害指标。日最高气温 $\geqslant 35\ ℃$ 和日平均气温 $\geqslant 30\ ℃$ 连续出现 $3 \sim 5\ \mathrm{d}$,发生轻度热害;当连续出现 $6 \sim 8\ \mathrm{d}$,发生中度热害。各地高温出现的时间具有一定的规律性,可以参照当地的气候预测资料,考虑水稻抽穗时间来调整播期,尽可能避开高温危害。对于高温强度大的区域,不宜大面积发展中稻(单季稻),可适当发展双季稻与一季晚稻,而双季早稻应选用中熟早籼品种,适当早播,使开花期在高温来临前完成,这样遭遇高温的风险稍小。

我国长江流域是世界上水稻花期高温危害的高发地带。水稻开花历期一般为 $15 \sim 20\ \mathrm{d}$,而同一花序上所有颖花完成开放过程一般为 $5 \sim 7\ \mathrm{d}$,早、中稻开花快且集中,以始花后 $2 \sim 3\ \mathrm{d}$ 开花量为最多,而晚稻始花后 3～5 d 才进入盛花。一般来说,籼稻较粳稻更耐高温,其高温胁迫临界温度亦较高。水稻抽穗开花期的最适温度为25～30 ℃,32 ℃以上的日平均气温或 35 ℃以上的日最高温度会对开花授粉造成不利影响,不仅不开裂的花药数增加、散粉差,而且花粉粒小或内容物不充实,花粉发芽率低,导致不能受精而产生大量空壳。高温(HT)标准定义为日均温度≥30 ℃或日最高温度≥35 ℃。有研究以连续 3 d 或以上日平均气温≥30 ℃的高温为长时高温,连续 3 d 或以上日最高气温≥35 ℃的高温为短时高温,对比分析不同的温度指标对水稻抽穗开花期遭遇高温对空秕率的影响。至于是基于日均温或日极端温度,统计提取高低温的气候指标或农业气候指标,则应结合实践需要灵活运用。

对极端事件判定需确定阈值。某天气气候记录或变量超过阈值时,判定为发生一次极端事件。绝对阈值以一个特定值为阈值判定,有些根据某物理原理或现象的出现,如 24 h 降水量≥50.0 mm为暴雨。基于统计概率分析计算得到的判定阈值称相对阈值,其大小依赖于具体空间范围和时间段。极端指标具有时空特性,计算极端指标时首先要确定气候变量的空间范围和选定长度统计时间段的基准期;其次以该基准期和空间范围内气候变量的所有观测或同级值为基础,确定所遵循的统计分布;最后,选定某个百分位数为极端事件判定阈值,如 90%,计算该分部的百分位数。为方便读者准确计算极端天气气候指标,这里把 WMO 定义的 27 种典型气候指数及其意义列于表 3.3。

表 3.3　WMO 气候变化监测和指数专家组定义 27 种典型气候指数

分类	代码	指　标	意　义
日最高、最低气温的月极值	TXx	月最高气温极大值	每月最高气温的最大值
	TNx	月最低气温极大值	每月最低气温的最大值
	TXn	月最高气温极小值	每月最高气温的最小值
	TNn	月最低气温极小值	每月最低气温的最小值

分类	代码	指 标	意 义
绝对阈值	FD	霜冻日数	一年中日最低气温＜0 ℃的天数
	SU	夏季日数	一年中日最高气温＞25 ℃的天数
	ID	冰封日数	一年中日最高气温＜0 ℃的天数
	TR	热夜日数	一年中日最低气温＞20 ℃的天数
	CSL	生长期	北半球1月1日(南半球7月1日)起连续6 d日平均气温大于5 ℃日期为初日,北半球7月1日(南半球1月1日)以后连续6 d日平均气温小于5 ℃日期为终日,初终日之间日数为生长期,日期表示法为DD/MM,即01/07表示7月1日。
相对阈值	TN10p	冷夜日数	日最低气温＜10％分位数的日期
	TX10p	冷昼日数	日最高气温＜10％分位数的日期
	TN90p	暖夜日数	日最低气温＞90％分位数的日期
	TX90p	暖昼日数	日最高气温＞90％分位数的日期
	WSDI	异常暖昼持续指数	每年至少连续6 d日最高气温＞90％分位数的日期
	CSDI	异常冷昼持续指数	每年至少连续6 d日最低气温＜10％分位数的日期
	DTR	月平均日较差	日最高气温与最低气温之差的平均值
绝对阈值	R10 mm	中雨日数	日降水量≥10 mm的日数
	R20 mm	大雨日数	日降水量≥20 mm的日数
	Rnnmm	日降水量大于某一特定强度的降水日数	日降水量≥nnmm的日数

分类	代码	指标	意义
相对阈值	R95pTOT	强降水量	日降水量＞95％分位数年累计降水量
	R99pTOT	特强降水量	日降水量＞99％分位数年累计降水量
持续干湿期	CDD	持续干期	日降水量＜1 mm 的最大持续日数
	SWD	持续湿期	日降水量＞1 mm 的最大持续日数
其他	Rx1day	1 日最大降水量	每月最大 1 日降水量
	Rx5day	5 日最大降水量	每月最大 5 日降水量
	SDII	降水强度	年降水总量与湿日日数（日降水量≥1 mm）比值
	PRCPTOT	年湿日总降水量	日降水量＞1 mm 的年累计降水量

从数理统计学的角度，极端事件是小概率事件，小概率的"小"也还可以再量化细分。概率＜5％为小概率，＜1％为极小概率。因此，结合统计学、IPCC 与农业实践保证率需求，根据样本数据资料测算 100％、99％、95％、90％和 80％对应的保证率指标阈值作为相应极端程度和极端指标。

根据《农业气象观测与数据分析（第二版）》（姜会飞，2014），按次序计数法计算保证率的步骤如下：

（1）把原始数据资料按大小序列排列，形成从小至大或从大至小的序列；

（2）把顺序序列中相同数值的数据合并一起，按大小序列对不同数值数据进行序位编号，并统计序列中≥（或≤）各不同数值的序位及其对应的累积频数；

（3）计算序位序列中各不同数值对应的频率和≥（或≤）该数值的累积频率；

（4）绘制保证率曲线：以横坐标代表某一要素，纵坐标代表保证

率,分别将各不同数值及其对应≥(或≤)该数值的累积频率代替保
证率值作为一组坐标值点在二维的平面坐标纸上,依次连接各点成
一平滑曲线,得到保证率曲线图;

(5)对保证率曲线运用线性内插法估算不同保证率对应的气象
要素值和不同气象要素范围对应的保证率。

保证率及其相应阈值指标的测算,也可以采用获得国家版权局
著作权的软件——《农业气象实验教学数据统计专用软件》(证书
号:2021SRBJ0092)来完成。该计算机软件是本专著作者,中国农业
大学气象灾害与农业保险实验室主任姜会飞博士研发的。如要获
得该软件的使用权可联系作者或中国农业大学社会服务处(技术转
移中心)。

第四章　中国极端温度指标及其时空分布

温度具有时空变化特性。通常极端温度是指极端最高和最低温度，从时间尺度分为日极端温度、年度极端温度、多年极端温度。本章对极端温度的研究，按极端程度分极（端）点100％对应极值、IPCC对极端事件定义以概率≥90％或≤10％统计高低温阈值和50％保证率对应平均值。从空间尺度，把整个中国视为一个指定空间范围，或按省份、县域或乡镇划分为不同区域，分析不同区域的温度随时间变化规律，是统计分析时空变化特征和规律的常用方法，而气象系统则更多地使用地面气象台站所在的位置为空间对象研究气象要素的时空变化特点。本研究经过对全国842个地面气象台站1981—2018年逐日日最高气温、日最低气温和日平均气温观测数据进行筛选，选取具有30年以上完整有效数据的823个地面气象站为研究台站（图4.1），基于这些站点多年逐日气温观测数据，统计分析中国极端温度指标及其时空变化特征。

分别以日均气温、日最高气温和日最低气温为温度的类型或种类，按不同类型温度统计分析相应类型温度及对应概率的极端温度指标值。本章分别按3种温度类型和极端程度（对应概率指标）50％、90％和100％，按年度（1月1日至12月31日）统计分析温度指标。本章分三节，各节又分三小节来统计分析相应类型温度的上下限阈值指标，请读者在阅读和引用文中的数据结果时一定要与章节内容对应，切不可断章取义，以免产生歧义和错引数据信息。

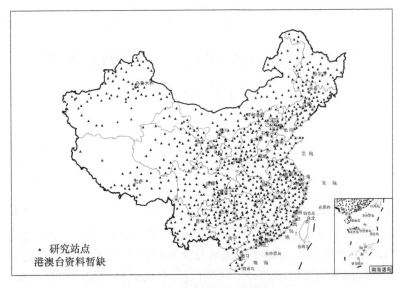

图 4.1　地面气象台站的空间分布图

第一节　按日均气温统计的温度指标

对选定类型温度——日平均气温的日值进行年度统计,从全年序列中求取年度的平均、极大值和极小值,然后把各年度数据一起形成多年的新序列,最后按概率值测算气候指标,包括对应的上下限阈值。

一、年度极端温度指标

按日平均气温分别统计全国 823 个台站 1981—2018 年的年平均温度、年极端最高日均温和年极端最低日均温,得到的结果为:全国各站 38 年的年度平均气温最高值变化范围为 $-3.6 \sim 27.9\ ℃$,其中最高值 $27.9\ ℃$ 发生在海南省西沙(台站号 59981,海拔 4.7 m)和海南省珊瑚(台站号 59985,海拔 4.0 m),最低值 $-3.6\ ℃$ 发生在青海省的五道梁(台站海拔 4612.2 m),全国 823 个台站的各站 38 年的年均温度最高值的平均值 13.2 ℃发生在山西省阳城(海拔 659.5 m)、河北省遵化(海拔 54.9 m)、四川省小金(海拔 2438 m)和四川省盐湖(海拔 2545 m)。年平均气温最低值为－7.2～26.5 ℃,其中最低值－7.2 ℃发生在青海省的沱沱河(海拔 4533.1 m),最高值 26.5 ℃发生在海南省珊瑚(台站号 59985,海拔 4.0 m),总站平均值 10.7 ℃发生在山东省成山头(海拔 47.7 m)、新疆沙雅(海拔 980.4 m)和陕西省佛坪(海拔 827.2 m)。年平均气温(简称均温)出现低于 0 ℃的年份在全国共有 53 个台站,其中 18 个台站 1981—2018 年历年的年均温都低于 0 ℃。

　　全国 823 个台站 1981—2018 年的 38 年间,日均温的年极端高温的最大值为 11.0～42.3 ℃,最高值 42.3 ℃发生在新疆的吐鲁番(台站海拔 34.5 m),最低值 11.0 ℃发生在西藏的错那(台站海拔 4280.3 m),总站平均值 30.6 ℃,与东北三省、陕西、山西、内蒙古和浙江、贵州等 12 个台站的年极端最高日均温的最大值相同。823 个台站 38 年间,日均温的年极端高温的最小值为 8.0～34.7 ℃,最高值 34.7 ℃发生在新疆的吐鲁番(台站海拔 34.5 m),最低值 8.0 ℃发生在青海省的清水河(海拔 4415.4 m),总站平均值 25.8 ℃,与黑龙江的齐齐哈尔(海拔 147.1 m)、新疆的焉耆(海拔 1055.3 m)、内蒙古的苏尼特左旗(海拔 1036.7 m)、山西的太原(海拔 776.3 m)、辽宁的沈阳(海拔 49 m)和绥中(海拔 29 m)及贵州的惠水(海拔 990.9 m)7 个台站的年极端最高日均温的最小值相同。

　　全国 823 个台站 1981—2018 年的 38 年间,日均温的年极端低温的最大值为－32.2～22.7 ℃,22.7 ℃发生在海南的西沙,－32.2 ℃发生在黑龙江的漠河,平均值－4.5 ℃与山东省的陵县和潍坊及西藏的尼木和陕西的陇县 4 台站相等。年极端低温的最小值为－44.6～18.2 ℃,18.2 ℃发生在海南省的珊瑚地面气象站,－44.6 ℃发生在新疆的巴音布鲁克气象站,没有台站的年极端低温最小值与多站平均值－13.7 ℃等同。

　　从图 4.2 可知,基于日均温统计的年度平均和年度极端温度不仅具有明显的空间变化,而且在 38 年的年际间最大变幅也具有明显的空间变化,说明基于日均温统计的年度平均值和年度极端温度具有明显的时空变化。年均温变幅在 823 个台站 38 年的多年平均值为 2.5 ℃,变幅最大的为山西的五台山(台站号 53588,7.6 ℃),该站年均温最低-4.7 ℃发生在 1984 年,年均温最高 2.9 ℃发生在 1998 年,38 年平均值-0.4 ℃;变幅最小的为云南的双江站(台站号 56950,1.2 ℃),该站年均温最低温 19.3 ℃发生在 1992 年,最高值 20.5 ℃发生在 2005 年、2014 年和 2017 年,38 年的多年平均值 20.0 ℃。

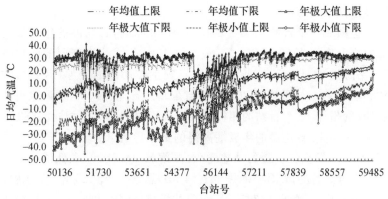

图 4.2　基于日均温统计的年平均和极端温度及其 38 年的年际间
最大变幅的空间变化

年度最高日均温在 38 年的年际间温度差(温度变化幅度,简称变幅),全国台站中最大高达 11.9 ℃,空间上对应着的是内蒙古的东乌珠穆沁(台站号 50915),最小变幅 1.4 ℃对应的是西藏的聂拉木(台站号 55655),全国 823 个台站 38 年平均变幅 4.8 ℃。内蒙古的东乌珠穆沁的 38 年的日均温年度极大值平均为 28.1 ℃,年度日均温极大值在 38 年中的最小值出现在 1993 年的 7 月 1 日,气温 22.6 ℃,比平均值低 5.5 ℃,而最大值出现在 2016 年的 8 月 4 日,极大值为 34.5 ℃,比平均值高 6.4 ℃,此两年间的日均温极大值年际温差高达 11.9 ℃。西藏的聂拉木 38 年平均 12.4 ℃,极大值最高值 13.2 ℃出现在 1998 年的 5 月 24 日和 2007 年的 8 月 10 日,最小值 11.8 ℃出现在 1981 年的 7 月 30 日和 1992 年的 9 月 1 日。

年度最低日均温年际间的最大变幅 22.2 ℃,在空间上对应着西藏的改则(台站号 55248),最小变幅 3.3 ℃对应西藏的察隅(台站号 56434),全国 823 个台站 38 年平均变幅 9.2 ℃。西藏的改则年度日均温极小值 38 年平均—20.3 ℃,38 年中最低日均气温—36.6 ℃,发生在 1987 年的 12 月 26 日,比平均值低 16.3 ℃;最高日均温—14.4 ℃则出现在 2006 年的 12 月 13 日,比平均值高 5.9 ℃。西藏的察隅年度日均温极小值 38 年平均 1.2 ℃,38 年中最低日均气温—0.4 ℃,发生在 1998 年的 1 月 21 日,比平均值低 1.6 ℃;最高日均温 2.9 ℃则出现在 2014 年的 1 月 14 日,比平均值高 1.7 ℃。

二、极端温度事件(保证率 90% 或 10%)的气候指标阈值

基于日均温统计年度日均温平均值(年均温),然后把历年日均温组成新序列,按 IPCC 定义的极端天气气候事件,求取高低温事件指标序列 90% 保证率对应的阈值,得到该站(或所代表区域)对应的极端温度事件的年均温气候指标(简称 IPCC-90)。

按日平均气温分别统计全国 823 个台站 1981—2018 年的年平均温度、年极端最高日均温和年极端最低日均温,得到全国各站 90% 保证率对应的年均温、年极端最高日均温和年极端最低日均温的高低温阈值。年均温 90% 保证率阈值最高值变化范围为—3.9～27.6 ℃,其中最低值—3.9 ℃发生在青海的五道梁,最高值 27.6 ℃发生在海南的西沙(台站号 59981);最低值为—5.7～26.7 ℃,其中最低值—5.7 ℃发生在青海的五道梁,最高值 26.7 ℃发生在海南的西沙。以西沙(台站号 59981)为例,1981—2018 年,年均温为 26.4～27.9 ℃,38 年里,年均温≤27.6 ℃和≥26.7 ℃的年份占总统计年数的 90%。即年均温 27.6 ℃和 26.7 ℃分别对应着极端高低温事件的上下限阈值指标。

按 90% 保证率测算极端高低温事件的温度指标阈值,在全国 823 个台站中,年均温的极端高温事件指标≥23.9 ℃和低温事件指

标≤22.5 ℃的温度较高和较低的 15 个台站及其高低温事件指标及
1981—2018 年的年均温变幅列于表 4.1。

表 4.1　基于日均温统计全国高温和低温的 15 个台站的
极端高低温事件上下限指标　　　单位:℃

省份	台站名	高温(上限)	低温(下限)	年均温变幅
海南	西沙	27.6	26.7	26.4～27.9
海南	珊瑚	27.5	26.7	26.5～27.9
海南	三亚	26.5	22.9	22.2～27.0
海南	东方	25.9	24.7	24.4～26.3
海南	陵水	25.8	25.0	24.7～26.2
海南	琼海	25.3	24.1	23.6～25.8
海南	海口	25.2	23.7	23.3～25.4
云南	元江	24.6	23.4	23.2～24.9
海南	儋州	24.5	23.3	23.0～25.2
广东	徐闻	24.4	23.3	22.9～25.1
广东	湛江	24.1	22.8	22.4～24.5
广东	电白	24.0	22.8	22.5～24.4
广西	涠洲岛	23.9	22.7	22.4～24.2
海南	琼中	23.9	22.7	22.2～24.2
黑龙江	漠河	-2.9	-4.6	-5.5～-2.4
黑龙江	塔河	-1.1	-3.1	-3.6～-0.4
黑龙江	呼中	-2.5	-4.2	-5.2～-2.0
黑龙江	新林	-1.4	-3.0	-3.9～-0.8
内蒙古	图里河	-3.2	-4.8	-5.5～-2.4
内蒙古	阿尔山	-1.1	-3.2	-3.9～-0.3
新疆	巴音布鲁克	-2.6	-5.6	-6.3～-1.8
新疆	吐尔尕特	-2.2	-3.6	-4.0～-1.9

省份	台站名	高温(上限)	低温(下限)	年均温变幅
青海	托勒	−1.2	−2.9	−3.7～−0.6
青海	野牛沟	−1.6	−3.3	−3.6～−1.4
青海	五道梁	−3.9	−5.7	−6.4～−3.6
西藏	安多	−1.1	−3.0	−5.0～−1.0
青海	沱沱河	−2.1	−4.4	−7.2～−2.0
青海	玛多	−2.2	−4.3	−5.2～−1.9
青海	清水河	−3.0	−4.9	−6.7～−2.5

绘制日均气温年平均温度的高低温阈值指标的空间分布如图 4.3 所示。从图 4.3 可知,温度指标较高的区域集中分布在中国南方低纬度地区,主要是海南、广东、广西和福建与江西的南部地区及云南的西南部;年均温低温极端事件温度指标较低的主要分布在黑龙江、内蒙古东部、吉林东南部、青海、西藏和新疆北部地区。从表 4.1 排名得知,前 15 个高温台站集中在中国南方的广东和海南。年均温的高温指标在 22 ℃以上的地区都是南方的省份,除广东、海南及云南、福建、江西和广西等大部分地区外,贵州、湖南和四川也有少数地方属于高温区。这些地区 15 个低温台站的年均温高温指标为−1.9 ℃,低温指标为−4.1 ℃,高温指标最高值是山西的五台山,年均温 2.7 ℃,最低值是青海的五道梁(−3.9 ℃),低温最高值−3.0 ℃是西藏的安多和黑龙江的新林,最低的也是青海的五道梁(−5.7 ℃)。

从表 4.1 和图 4.3 可知,从全国范围来看,高温区的低温指标高于低温区的高温指标。有些地方−3.9 ℃属于高温,而有些地方 26.7 ℃却属于低温。中国幅员辽阔,气温差异较大,高低温指标也就差异很大,温度指标是具有时空属性的。

全国 823 个台站 1981—2018 年的 38 年间,日均温的年极端高温的最大值在 11.0～42.3 ℃变化,最高值 42.3 ℃发生在新疆的吐鲁番(台站海拔 34.5 m),最低值 11.0 ℃发生在西藏的错那(台站海

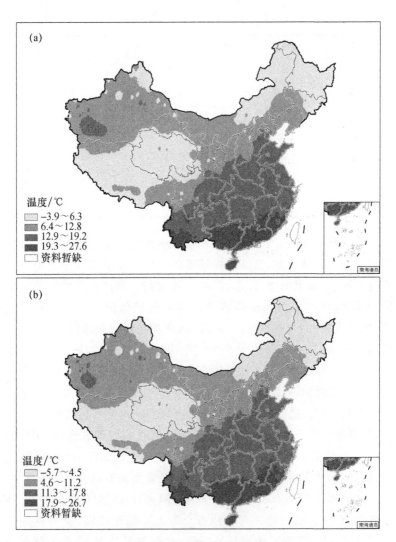

图 4.3　日均气温极端事件 90％高温(a)和低温(b)指标空间分布图

拔 4280.3 m),总站平均值 30.6 ℃,与东北三省、陕西、山西、内蒙古
和浙江、贵州等 12 个台站的年极端最高日均温的最大值相同。823
个台站 38 年间,日均温的年极端高温的最小值在 8.00～34.7 ℃变化,最高值 34.7 ℃发生在新疆的吐鲁番(台站海拔 34.5 m),最低值 8.0 ℃发生在青海的清水河(台站海拔 4415.4 m),总站平均值 25.8 ℃,与黑龙江省的齐齐哈尔(海拔 147.1 m)、新疆的焉耆(海拔 1055.3 m)、内蒙古的苏尼特左旗(海拔 1036.7 m)、山西的太原(海拔 776.3 m)、辽宁的沈阳(海拔 49 m)和绥中(海拔 29 m)及贵州的惠水(海拔 990.9 m)7 个台站的年极端最高日均温的最小值相同。

统计全国 823 个台站 1981—2018 年,日均温的年极端低温的 90%保证率对应最大阈值为−35.6～21.9 ℃,21.9 ℃发生在海南的珊瑚地面气象站,−35.6 ℃发生在黑龙江的漠河;最小阈值变化范围在−41.7～20.0 ℃,20.0 ℃发生在海南的珊瑚地面气象站,−41.7 ℃发生在黑龙江的漠河。日均温的年极端高温的 90%保证率对应最大阈值为 10.4～38.7 ℃,10.4 ℃发生在西藏的帕里地面气象站,38.7 ℃发生在新疆的吐鲁番;最小阈值变化范围为 9.3～35.7 ℃,35.7 ℃发生在新疆的吐鲁番,9.3 ℃发生在西藏的错那和帕里。

从图 4.4 可以看出,3 组温度指标的上下限阈值反映出温度指标的年际变化,台站之间的温度差异表示空间变化,这个图说明保证率 90%对应的年均温、年极端日均温等温度指标都具有明显的时空变化。与图 4.2 相比,相应台站间的上下限之间的温度差是缩小的,因为图 4.2 对应的是年度极端值,即极端程度 100%,而图 4.4 是极端程度 90%的温度阈值。

地面气象台站之间温度随时间变化并不一致,相同保证率对应的阈值与极端值相比并不是等比例线性缩减,因此相同温度指标的上下限温度差极端值与 90%保证率对应阈值并不发生在相同的台站。

年均温保证率 90%上下限阈值分别对应着高低温指标,即≤上限和≥下限阈值的年均温指标。上下限阈值差即为相应保证率温度指标的变幅,在 823 个台站 38 年的多年平均值为 1.6 ℃,变幅最大的为山西的五台山(台站号 53588,6.7 ℃),保证率 90%高低温指标分别为 2.7 ℃和−4.0 ℃,最高和最低年均温则分别为 2.9 ℃(1998 年)和−4.7 ℃(1984 年);变幅最小的为云南的勐腊站(台站

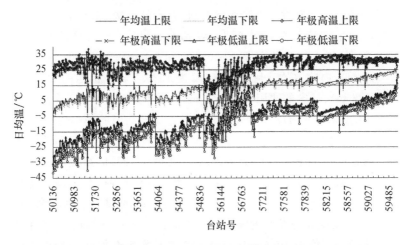

图 4.4　基于日均温统计的年均温和年极端日均温的保证率 90%
极端温度指标（IPCC-90）的空间变化

号 56969，0.7 ℃），保证率 90% 高低温指标分别为 22.2 ℃ 和
21.5 ℃，最高和最低年均温则分别为 22.6 ℃（2010 年）和 21.3 ℃
（1982 年、1986 年和 1992 年）。

　　日均温年度极大值 90% 保证率上下限阈值分别对应的高低温指
标，即≤上限和≥下限阈值的日均温指标。在 38 年年际间变幅最大
7.5 ℃ 的是山西的五台山（台站号 53588），最小变幅 0.9 ℃ 对应的是
广西的灵山（台站号 59446）和海南的西沙（台站号 59981），全国 823 站
38 年平均变幅 2.7 ℃。五台山的日均温年度极大值 90% 保证率对应
的高温和低温指标分别为 20.4 ℃ 和 12.9 ℃，38 年中日均温年度极大
值和极小值分别为 22.7 ℃（2010 年 7 月 30 日）和 12.1 ℃（1986 年 7
月 28 日）；灵山日均温年度极大值 90% 保证率对应的高温和低温指标
分别为 31.3 ℃ 和 30.4 ℃，38 年中日均温年度极大值和极小值分别为
32.0 ℃（2004 年 7 月 1 日）和 30.1 ℃（1997 年 8 月 2 日和 2002 年 7 月
12 日）；海南西沙日均温高温和低温极端事件（保证率 90%）温度指标
分别为 31.0 ℃ 和 30.1 ℃，38 年中日均温年度极大值和极小值分别为
31.4 ℃（2013 年 6 月 10 日）和 29.7 ℃（1984 年 6 月 4 日）。

日均温年度极小值 90％保证率上下限阈值分别对应的高低温指标。全国 823 站 38 年高低温指标最大变幅 12.4 ℃对应新疆的塔什库尔干(台站号 51804),最小变幅 1.6 ℃对应海南的西沙(台站号 59981)和珊瑚(台站号 59985),平均变幅 5.0 ℃。塔什库尔干日均温极小值 90％保证率的高温和低温指标分别为 - 27.9 ℃和 - 15.5 ℃,38 年中最低日均气温 - 31.7 ℃发生在 1986 年的 1 月 5 日,比平均极小值 - 20.8 ℃低 10.9 ℃;最高日均温 - 13.2 ℃则出现在 2016 年的 1 月 20 日,比多年日均温极小值平均值高 7.6 ℃。西沙相应高温和低温指标分别为 19.9 ℃和 21.8 ℃,日均温极小值 38 年平均 20.9 ℃,38 年中年度日均温极小值最低为 18.0 ℃发生在 1986 年的 3 月 2 日,比平均值低 2.9 ℃,年度日均温极小值最高 22.7 ℃则出现在 1998 年的 2 月 7 日,比平均值高 1.8 ℃;珊瑚站的相应高温和低温指标分别为 20.0 ℃和 21.9 ℃,日均温极小值 38 年平均为 20.9 ℃,38 年中年度日均温极小值最低为 18.2 ℃发生在 1986 年的 3 月 2 日,比平均值低 2.7 ℃,年度日均温极小值最高 22.5 ℃则出现在 1998 年的 2 月 7 日,比平均值高 1.6 ℃。

三、平常温度事件(保证率 50％)的气候指标阈值

以日均温为类型温度,统计各站历年的年度平均日均温、年度极端最高和最低的日均温,按 1981—2018 年温度序列,求取保证率 50％对应的指标阈值,也就是平常状态温度指标。绘制保证率 50％的温度指标阈值全国分布图,见图 4.5。

从图 4.5 可知,全国年均温较高区域成片分布在海南、两广和福建与云南的西南部和江西、贵州与湖南的南部地区,全国呈现出随纬度和海拔升高温度下降的特点,温度变化具有纬度地带性和海拔垂直地带性。分析全国 823 个台站的情况如下:年均日温保证率 50％温度指标阈值在台站间变化范围为 - 4.8～27.1 ℃,全国 823 站平均值为 12.0 ℃,温度最低的是青海的五道梁(台站号 52908,- 4.8 ℃),最高的是海南的西沙(台站号 59981)和珊瑚(台站号 59985),年均温与全国平均值相等的台站有新疆的沙雅(台站号 51639)、于田(台站号

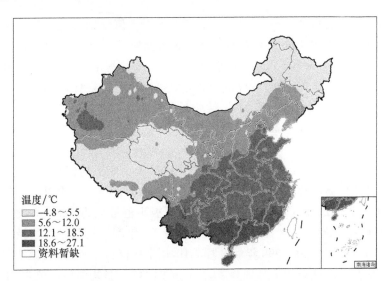

图 4.5　年均温保证率 50% 阈值的空间分布

51931)、天津的宝坻（台站号 54525）、云南的昭通（台站号 56586）和
陕西的凤翔（台站号 57025）。其中,温度最低的五道梁站年均温最
高−3.6 ℃出现在 2016 年,最低−6.4 ℃发生在 1983 年和 1985 年;
西沙站的年均温最高的是 2016 年 27.9 ℃,年均温最低 26.4 ℃发生
在 1984 年和 1986 年;珊瑚的年均温最高 27.9 ℃发生在 2016 年和
1998 年,年均温最低 26.5 ℃发生在 1984 年、1986 年和 1989 年;其
他各站差异不一,仅列举新疆吐鲁番,该站年均温最高 18.0 ℃发生
在 2017 年,最低 13.5 ℃发生在 1984 年。

　　基于日均温,按 1981—2018 年各站年均温、年极大值和极小值
序列,统计其 50% 保证率的温度指标,并视 50% 保证率指标为相应
要素的平均值,绘制这 3 个平均值在 823 个台站中的空间分布如
图 4.6 所示。

　　日均温极大值的 50% 保证率温度指标阈值在台站间的变化范
围为 9.9~36.9 ℃,823 站平均值为 27.9 ℃,最低值对应的是西藏
的帕里站（台站号 55773,9.9 ℃）,最高的是海南的西沙（台站号
59981）和珊瑚（台站号 59985）,年均温与全国平均值相等的台站有

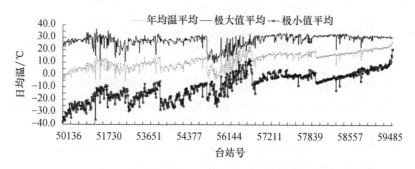

图 4.6　年平均和年极端日均温的 1981—2018 年平均值在台站间分布

新疆的焉耆(台站号 51567),黑龙江的双城(台站号 50955),陕西的榆林(台站号 53646),略阳(台站号 57106)和定边(台站号 53725),吉林的长岭(台站号 54049),内蒙古的锡林浩特(台站号 54102),辽宁的义县(台站号 54334)和瓦房店(台站号 54563),湖北的五峰(台站号 57458)。其中,帕里站 38 年中日均温最高值 11.3 ℃发生在 2009 年的 8 月 4 日,最低温 8.4 ℃发生在 1984 年的 7 月 4 日;西沙站日均温最高和最低温度 31.4 ℃和 29.7 ℃,分别发生在 2013 年的 6 月 10 日和 1984 年的 6 月 4 日;珊瑚站日均温最高值 31.8 ℃,发生在 2013 年的 6 月 10 日和 2005 年的 7 月 21 日,最低时温度日均温也高达 29.9 ℃,发生在 1984 年的 6 月 6 日。

　　日均温极小值的 50%保证率温度指标阈值在台站间的变化范围为−38.2~21.0 ℃,全国 823 站平均值为−8.6 ℃,最低值对应的是黑龙江的漠河(台站号 50136,−38.2 ℃),最高的是海南的西沙(台站号 59981)和珊瑚(台站号 59985),年均温与全国平均值相等的台站是湖南的南岳(台站号 57776)和江西的庐山(台站号 58506)。其中,漠河站日均温年度极小值最高温−32.2 ℃发生在 2007 年的 12 月 20 日,最低温−41.9 ℃出现在 1985 年的 1 月 14 日和 1997 年的 12 月 31 日;西沙站的日均温年度极小值最高温 22.7 ℃发生在 1998 年的 2 月 7 日,最低温 18.0 ℃出现在 1986 年的 3 月 2 日;珊瑚站的日均温年度极小值最高温 22.5 ℃发生在 1998 年的 2 月 7 日,最低温 18.2 ℃出现在 1986 年的 3 月 2 日。

第二节　按日最高气温统计的温度指标

对选定类型温度——日最高气温(简称日温)进行年度统计,从全年序列中求取年度的平均、极大值和极小值,然后把各年度数据一起形成各站多年的新序列,再按保证率100%、90%和50%分别测算气候指标——包括对应的上下限阈值;最后求各温度指标的全国823个台站的极值和平均值及其对应的台站信息。

一、极端(保证率100%)高低温指标

基于日最高气温,以全国823个地面气象台站1981—2018年逐日的日最高气温为类型温度,统计各站历年的日最高气温的年度平均值和极大、极小值及各站38年相应温度的极端指标等。

绘制全国823个台站日最高气温的年均值和年极大、极小值的上下限温度指标的空间分布图如图4.7所示,从图4.7可知日最高气温极端最大值高达49.0 ℃,极端最小值低至-39.1 ℃,各站年均日最高气温和年度极端最高气温不仅具有明显的空间差异,相同台站的年际差异也很明显,且台站间温度变化幅度也存在明显差异。

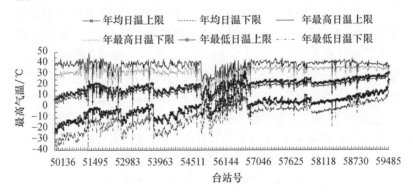

图4.7　日最高气温年均值和年极端值在台站间的空间分布

各站年均日最高气温在 38 年极大值序列中,最高温 32.4 ℃发生在云南省的元江(台站号 56966),最低值 3.9 ℃为青海省的五道梁(台站号 52908),多站平均值 19.3 ℃;极小值序列中的最高值 29.8 ℃发生在云南省的元江(台站号 56966),最低值-0.6 ℃为山西省的五台山(台站号 53588),多站平均值 16.3 ℃。

云南省的元江(台站号 56966)年均日最高气温多年平均值为 30.9 ℃,最高达 32.4 ℃,出现在 2012 年,2012 年 5 月 4 日日最高气温高达 42.4 ℃;该站年均最小值 29.8 ℃,发生在 1985 年和 2008 年,1985 年 5 月 16 日的日最高气温为 38.5 ℃,2008 年 4 月 9 日的日最高气温高达 40.2 ℃。青海省的五道梁年均日最高气温在 1.0~3.9 ℃变化,多年平均值 2.7 ℃,最高值 3.9 ℃,出现在 2016 年,当年 8 月 20 日最高气温 20.3 ℃;年均值 1.0 ℃的有 1983 年和 1985 年,1983 年 8 月 26 日最高气温 16.4 ℃,1985 年 8 月 3 日最高气温高达 18.9 ℃。

对各站年最高日最高温在 1981—2018 年 38 年间的极大值和极小值进行从高至低排序,选取极值排在全国前列的台站及其温度值整理于表 4.2。

表 4.2　年最高日最高温的极大值和极小值(1981—2018 年)

极大值/℃	省份	台站名	极小值/℃	省份	台站名
49.0	新疆	吐鲁番	42.2	新疆	吐鲁番
46.5	新疆	鄯善	40.6	新疆	鄯善
45.1	新疆	淖毛湖	38.8	新疆	若羌
44.8	内蒙古	拐子湖	38.4	新疆	淖毛湖
44.7	新疆	十三间房	38.3	云南	元江
44.5	重庆	綦江	38.1	新疆	铁干里克
44.4	新疆	蔡家湖	37.9	湖北	兴山

极大值/℃	省份	台站名	极小值/℃	省份	台站名
44.4	福建	宁化	37.9	重庆	丰都
44.3	重庆	江津	37.8	新疆	阿拉山口
44.1	内蒙古	新巴尔虎右旗	37.8	新疆	蔡家湖
44.1	新疆	阿拉山口	37.8	新疆	民丰
44.0	新疆	克拉玛依	37.8	内蒙古	拐子湖
43.9	新疆	铁干里克	37.7	重庆	江津
43.9	新疆	若羌	37.6	新疆	哈密
43.9	重庆	丰都	37.4	重庆	綦江
43.7	内蒙古	额济纳旗	37.3	福建	漳平
43.7	内蒙古	扎鲁特	37.2	新疆	精河
43.7	内蒙古	宝国吐	37.2	重庆	沙坪坝
43.5	四川	叙永	37.2	广西	百色
43.3	辽宁	朝阳	37.1	新疆	克拉玛依
43.3	河北	承德	37.1	湖南	衡阳
43.3	陕西	华县	37.0	内蒙古	吉兰太

比较各站年均日最高气温下限在-0.6～29.8 ℃变化,对应最大值的台站是云南省的元江(台站号 56966),年均值 29.8 ℃,发生在 1985 年和 2008 年,1985 年日最高气温在 16.0～38.5 ℃波动,2008 年日最高气温在 12.7～40.2 ℃波动;年均值-0.6 ℃对应的是山西省的五台山(台站号 53588)的 1984 年,该年的日最高气温在-30.2～17.9 ℃变化,最低值-30.2 ℃出现在 12 月 22 日,最高值 17.9 ℃出现在 7 月 28 日。

　　绘制全国年度日最高气温在 1981—2018 年的 38 年之极大值空间分布图 4.8(a) 和极小值空间发布图 4.8(b)。

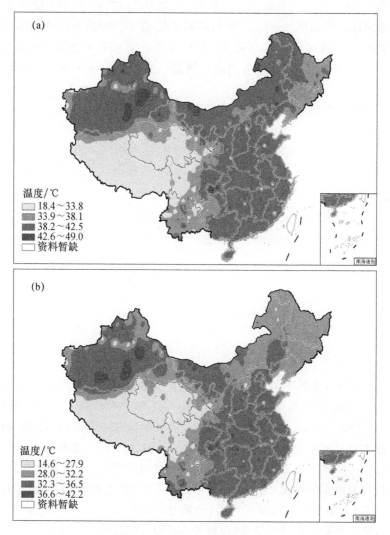

图 4.8　中国年度日最高气温 1981—2018 年极大值(a)和
极小值(b)的空间分布图

从各站历年年度日最高气温产生的极大值序列,提取各站年度日最高气温上限阈值,组成823个站的极大值新序列,新序列的最高值49.0 ℃发生在新疆的吐鲁番(台站号51573),最低值18.4 ℃为西藏的错那(台站号55690),多站平均值38.2 ℃;下限阈值组成的极小值新序列的最高值42.2 ℃发生在新疆的吐鲁番(台站号51573),最低值14.6 ℃为西藏的错那(台站号55690),多站平均值32.2 ℃。

选取典型台站绘制基于年度最高日最高气温的年际变化如图4.9所示。

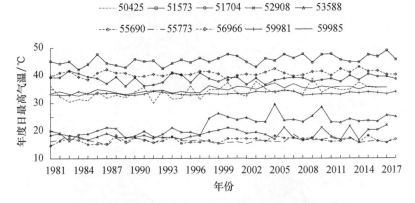

图4.9　典型台站年度日最高气温极大值的年际变化图

全国823个台站1981—2018年的年度最高日温的极大值49.0 ℃发生在新疆的吐鲁番(台站号51573)的2017年7月10日,1984年8月5日的最高气温42.2 ℃,为1984年的最高日温,最高日温49.0 ℃是吐鲁番2017年的年度最高日温,也是全国历年的最高日温;极小值14.6 ℃发生在西藏的错那(台站号55690),具体日期是1981年8月6日,其次是西藏的帕里(台站号55773,14.8 ℃)发生在1987年的6月12日,排第三位的青海五道梁(台站号52908,16.4 ℃)比排第二位的高1.6 ℃。西藏的错那(台站号55690)1988年6月27日最高气温18.4 ℃,年度最大日最高气温的最低值是14.6 ℃,发生在1981年的8月6日,为全国823个台站38年来年度日最高气温最大值的最低温。

从各站历年年度日最高气温的极小值序列,提取各站年度日最高气温上限序列,组成 823 个站的极大值新序列,新序列的最高值 24.3 ℃发生在海南省的珊瑚站(台站号 59985),最低值−23.5 ℃为内蒙古的额尔古纳市(台站号 50425),多站平均值−0.2 ℃;下限阈值组成的极小值新序列的最高值 19.3 ℃发生在海南省的西沙站(台站号 59981),最低值−39.1 ℃为内蒙古的额尔古纳市(台站号 50425),多站平均值−9.3 ℃。

海南省的珊瑚站 38 年中有 22 年出现日最高气温 24.3 ℃的情况,发生在 12 月至次年 3 月份,内蒙古的额尔古纳市 38 年中有 10 年的日最高气温等于−23.5 ℃的日期,发生在 12 月至次年 2 月份。海南省的西沙站 38 年的日最高气温在 19.3~34.5 ℃变化,最低值出现在 1986 年的 3 月 3 日,该日平均气温 18.4 ℃,日最高气温 19.3 ℃,日最低气温 16.5 ℃;最高值出现在 2006 年的 5 月 12 日,该日平均气温 30.5 ℃,日最高气温 34.5 ℃,日最低气温 28.3 ℃。内蒙古的额尔古纳市(台站号 50425)38 年的日最高气温在−39.1~39.0 ℃变化,最低值出现在 2009 年的 12 月 30 日,该日平均气温−41.6 ℃,该日最高气温−39.1 ℃,该日最低气温−44.2 ℃;最高值出现在 2010 年的 6 月 24 日,该日平均气温 29.8 ℃,该日最高气温 39.0 ℃,该日最低气温 19.6 ℃。

不同台站间的年度日最高气温的变幅差别很大。统计分析全国所有台站 1981—2018 年的年度日最高气温极大值变幅,最大的是山西的五台山(台站号 53588,12.8 ℃),最小的是海南的西沙(台站号 59981,1.7 ℃);年度日最高气温极小值变幅,最大的是新疆的吉木乃(台站号 51059,20.1 ℃),最小的是西藏的波密(台站号 56227,4.7 ℃)。

海南珊瑚站的年度日最高气温的最低值为 19.1 ℃,发生在 1986 年的 3 月 2 日,而西藏的错那则在 38 年里从来没有出现过气温高于 18.4 ℃的时刻。如果称日最高气温为日温,则仅就日温而言,海南珊瑚的历史最低日温比西藏错那的最高日温还要高,珊瑚站的纬度 16.53 °N 比错那 27.98 °N 偏南 10 个纬度,珊瑚站的海拔高度 4 m 比错那 4280.3 m 则要低 4276.3 m,海拔差异是形成温度差异的主要原因。按自由大气 0.65 ℃/100 m 的气温直减率,这么大的垂直高度对同一地区的自由大气也有 27.8 ℃的气温差产生。

二、极端事件(保证率 90%)温度指标

基于日最高气温,以全国 823 个地面气象台站 1981—2018 年逐日的日最高气温为类型温度,统计各站历年的日最高气温的极端温度事件指标,即对应保证率为 90%的上下限温度阈值的相应温度的极端程度阈值指标等。

各站年均日最高气温极端事件指标在 38 年的极大值序列中,最高温 32.0 ℃发生在云南省的元江(台站号 56966),最低值 3.5 ℃为青海省的五道梁(台站号 52908),多站平均值 18.7 ℃;极小值序列中的最高值 30.1 ℃发生在云南省的元江(台站号 56966),最低值 0.0 ℃为山西省的五台山(台站号 53588),多站平均值 17.0 ℃。

从各站历年年度日最高气温极端事件指标产生的极大值序列,提取各站年度日最高气温上限阈值,组成 823 个站的极大值新序列,新序列的最高值 47.7 ℃发生在新疆的吐鲁番(台站号 51573),最低值 17.7 ℃为西藏的错那(台站号 55690)和帕里(台站号 55773),多站平均值 36.6 ℃。下限阈值组成的极小值新序列的最高值 43.6 ℃发生在新疆的吐鲁番(台站号 51573),最低值 15.5 ℃为西藏的错那(台站号 55690)和帕里(台站号 55773),多站平均值 33.3 ℃。

对比分析极端事件的高低温指标的上下限阈值排列前后 15 个台站信息如表 4.3 所示。

表 4.3　年度日最高气温极端事件高低温指标的上下限阈值　单位:℃

省份	地区	上限	下限	省份	地区	上限	下限
新疆	吐鲁番	47.7	43.6	西藏	错那	17.7	15.5
新疆	鄯善	45.4	41.9	西藏	帕里	17.7	15.5

续表

省份	地区	上限	下限	省份	地区	上限	下限
新疆	淖毛湖	44.2	40.5	青海	五道梁	21.1	16.9
新疆	十三间房	43.3	37.7	西藏	聂拉木	20.9	17.4
新疆	若羌	43	40	山西	五台山	25.4	17.7
内蒙古	拐子湖	42.9	39.3	西藏	安多	20.6	17.8
重庆	江津	42.8	38	新疆	吐尔尕特	22.3	18
新疆	哈密	42.6	39.1	青海	清水河	20.4	18
重庆	丰都	42.5	38.4	青海	玛多	22.5	18.8
新疆	阿拉山口	42.4	39.1	西藏	班戈	20.9	18.9
新疆	蔡家湖	42.4	39.5	青海	沱沱河	23.1	19.2
新疆	铁干里克	42.4	39.1	西藏	浪卡子	22.3	19.4
四川	叙永	42.4	37.2	西藏	嘉黎	21.2	19.5
内蒙古	额济纳旗	42.3	38.6	四川	石渠	22.9	19.9
新疆	库米什	42.1	38.2	四川	峨眉山	22.5	19.9

从年度日最高气温极端高温事件的指标(图 4.10)来看,全国日高温指标≥36.6 ℃的领域占大部分地区。气温高于均值 36.6 ℃的台站 537 个占总站数 823 个的 65.2%,如果以 35 ℃为高温指标,气温≥35 ℃的台站数高达 77.3%。

从各站历年年度日最高气温极端事件指标的极小值序列,提取各站年度日最高气温上限序列中,组成 823 个站的极大值新序列,新序列的最高值 23.6 ℃,发生在海南省的西沙站(台站号 59981),最低值−27.6 ℃为内蒙古的额尔古纳市(台站号 50425),多站平均值−2.0 ℃;下限阈值组成的极小值新序列的最高值 21.5 ℃,发生在海南省的西沙站(台站号 59981),最低值−35.3 ℃为内蒙古的额尔古纳市(台站号 50425),多站平均值−7.1 ℃。对比分析年度日最高气温极小值的极端事件高低温指标,按温度指标排列在全国前后 15 名次的台站信息列于表 4.4。

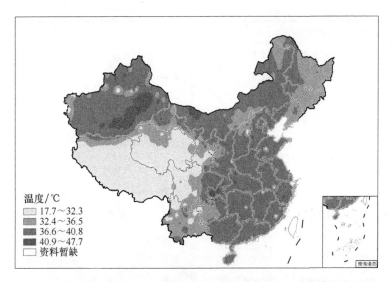

图 4.10　中国年度日最高气温极端事件 90% 保证率高温指标的空间分布

表 4.4　年度日最高气温极小值的极端事件高低温上下限阈值指标

省份	地区	上限/℃	下限/℃	省份	地区	上限/℃	下限/℃
海南	西沙	23.6	21.5	内蒙古	额尔古纳市	−27.6	−35.3
海南	珊瑚	23.5	21.0	黑龙江	漠河	−25.2	−34.5
海南	三亚	21.8	15.0	新疆	巴音布鲁克	−23.6	−34.1
海南	陵水	20.0	15.9	内蒙古	海拉尔	−24.8	−33.6
云南	景洪	19.1	14.1	黑龙江	呼玛	−24.4	−32.7
云南	瑞丽	19.0	14.9	内蒙古	阿尔山	−24.2	−31.4
云南	澜沧	18.9	12.5	黑龙江	呼中	−23.9	−31.1
云南	双江	18.3	13.5	内蒙古	新巴尔虎左旗	−22.8	−30.6
云南	耿马	18.2	13.2	内蒙古	图里河	−24.0	−30.5
云南	勐腊	18.2	12.2	黑龙江	嫩江	−22.3	−30.3

省份	地区	上限/℃	下限/℃	省份	地区	上限/℃	下限/℃
云南	元江	16.6	12.0	新疆	哈巴河	−16.7	−30.0
海南	东方	16.0	11.9	黑龙江	塔河	−23.0	−29.7
海南	琼海	15.8	11.4	内蒙古	满洲里	−23.1	−29.7
云南	六库	15.7	11.9	黑龙江	铁力	−21.4	−29.6
				黑龙江	新林	−21.7	−29.3

从表 4.4 可知,海南西沙站(台站号 59981)所代表的地区,年度日最高气温的最小值 90%保证率的年份≥21.5 ℃和≤23.6 ℃,也就是说年度日最高气温的极小值的极端高温指标≥23.6 ℃和低温指标≤21.5 ℃;而内蒙古的额尔古纳市(台站号 50425)年度日最高气温的极小值的极端高温指标≥−27.6 ℃和低温指标≤−35.3 ℃。对于一个地区属于低温事件在其他地区则可能属于高温事件,全国温度指标具有较大的时空差异性,这些数据指标结果反映和说明了气象要素指标的时空特性。从上面的图表可得知空间特性,时间上本专著仅以 1981—2018 年时间段进行统计分析,如果条件许可,读者可以运用本专著的方法对 1951—2020 年气象数据进行分段比较分析,则指标的时间差异性就不难得知。本专著篇幅有限,在这里不作更多的论证和阐述。

三、正常事件(保证率 50%)温度指标

基于日最高气温(简称日温),以全国 823 个地面气象台站 1981—2018 年逐日的日温为类型温度,统计各站历年日温对应 50%保证率的平均温度指标。

各站年均日温 50%保证率温度指标序列中,最高温 30.8 ℃发生在云南省的元江站(台站号 56966),最低值 3.0 ℃为青海省的五道梁站(台站号 52908),多站平均值 17.9 ℃。为简化阐述,下面称日最高气温为日温,日最低气温为夜温。统计元江站和五道梁站的

年均日温发现,1981—2018 年元江站年均日温在 29.8～32.4 ℃变化,最低值 29.8 ℃出现在 1985 年和 2008 年,最高值 32.4 ℃发生在 2012 年;该站历史日温最高值 43.1 ℃,发生在 2014 年的 6 月 4 日;历史日温最低值 8.3 ℃,发生在 2016 年的 1 月 25 日。五道梁站 1981—2018 年的年均日温在 1.0～3.9 ℃波动,最低值 1.0 ℃发生在 1983 年和 1985 年,最高值 3.9 ℃则出现在 2016 年;该站历史日温最高值 22 ℃,发生在 2017 年的 7 月 20 日;历史日温最低值 −19.6 ℃,发生在 1994 年的 1 月 8 日。

绘制保证率 50% 的年均日温温度指标阈值空间分布图见图 4.11。

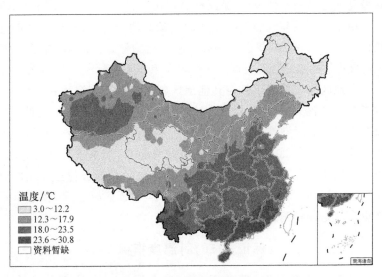

图 4.11　中国年均日温保证率 50% 温度指标的空间分布(1981—2018 年)

从图 4.11 可见,年均日温保证率 50% 温度指标阈值在全国整体上呈现由南往北逐渐递减的趋势,黑龙江、内蒙古东部、吉林、西藏和青海属于低值区,新疆的南部地区气温较高,全疆呈现西南往东北温度逐渐降低的趋势。对年均日最高气温的多年平均值 28 ℃以上的几个台站排名,依次是云南的元江(台站号 56966,30.8 ℃)、海南的珊瑚（台站号 59985,30.1 ℃）、云南的景洪（台站号 56959,29.9 ℃）、海南的三亚（台站号 59948,29.7 ℃）、海南的西沙（台站号 59981,29.5 ℃）、海南的陵水（台站号 59954,29.2 ℃）、海南的儋州（台站号 59845,29.0 ℃）、云南的勐腊（台站号 56969,28.9 ℃）、海南的东方（台站号 59838,28.9 ℃）、海南的琼海（台站号 59855,28.9 ℃）、云南的元谋（台站号 56763,28.8 ℃）、海南的琼中（台站号 59849,28.3 ℃）、广东的徐闻（台站号 59754,28.2 ℃）和海南的海口（台站号 59758,28.2 ℃）。

保证率 50% 的年均日温阈值在 6 ℃ 以下的台站,依次为青海的五道梁（台站号 52908,3 ℃）、新疆的吐尔尕特（台站号 51701,3.2 ℃）、新疆的巴音布鲁克（台站号 51542,3.5 ℃）、青海的清水河（台站号 56034,4.3 ℃）、青海的玛多（台站号 56033,4.4 ℃）、内蒙古的图里河（台站号 50434,4.9 ℃）、青海的沱沱河（台站号 56004,4.9 ℃）、黑龙江的漠河（台站号 50136,5.1 ℃）、内蒙古的额尔古纳（台站号 50425,5.1 ℃）、内蒙古的阿尔山（台站号 50727,5.2 ℃）、西藏的安多（台站号 55294,5.3 ℃）、黑龙江的呼中（台站号 50247,5.5 ℃）、黑龙江的塔河（台站号 50246,5.9 ℃）、黑龙江的新林（台站号 50349,5.9 ℃）、内蒙古的海拉尔（台站号 50527,5.9 ℃）和山西的五台山（台站号 53588,6 ℃）。

新疆地区保证率 50% 的年均日温阈值≤10 ℃和≥20 ℃的台站分别为吐尔尕特（台站号 51701,3.2 ℃）、巴音布鲁克（台站号 51542,3.5 ℃）、天池（台站号 51470,8.2 ℃）、乌鲁木齐牧试站（台站号 51469,8.9 ℃）、北塔山（台站号 51288,9.2 ℃）、青河（台站号 51186,9.6 ℃）、于田（台站号 51931,20 ℃）、铁干里克（台站号 51765,20.2 ℃）、民丰（台站号 51839,20.3 ℃）、鄯善（台站号 51581,20.5 ℃）、若羌（台站号 51777,20.5 ℃）和吐鲁番（台站号 51573,22.1 ℃）。

各站年度日最高气温保证率 50% 的温度指标最高值 45.5 ℃ 发生在新疆的吐鲁番（台站号 51573）,最低值 16.6 ℃ 为西藏的帕里（台站号 55773）,多站平均值 34.8 ℃。新疆吐鲁番 1981—2018 年

的年度日最高气温在 42.2～49.0 ℃,年际间最大变幅或波动范围
为 6.8 ℃,最高温发生在 2017 年的 7 月 10 日,最低温出现在 1984
年的 8 月 5 日,年度日最高气温集中出现在 6 月 19 日至 8 月 11 日
的夏季 50 多天的时段内。西藏的帕里年度日最高气温的最大值
18.7 ℃,发生在 1987 年的 6 月 12 日,最小值 14.8 ℃则出现在 2007
年的 6 月 12 日,年度日最高气温跨越从春至秋的 3 月 22 日至 9 月 5
日半年时间里。

各站历年年度日最高气温的极小值保证率 50％的温度指标,
最高值 22.4 ℃发生在海南省的西沙站(台站号 59981),最低值
－30.9℃为内蒙古的额尔古纳市(台站号 50425),多站平均值
－4.4 ℃。海南西沙站年度最低日温变化范围在 19.3～24.2 ℃,
1981—2018 年的 38 年间,年度最低日温出现在 12 月 1 日至 3 月
10 日,其中 19.3 ℃的年度最低日温发生在 1986 年的 3 月 3 日,
24.2 ℃的年度最低日温发生在 1998 年的 12 月 12 日和 2002 年
的 12 月 27 日;而该站的最高日温变化范围在 32.8～34.5 ℃,
1981—2018 年的 38 年间,年度最高日温出现在 4 月 30 日至 9 月
6 日,其中 32.3 ℃的年度最高日温发生在 2008 年的 9 月 6 日,
34.5 ℃的年度最高日温发生在 2006 年的 5 月 12 日。内蒙古的
额尔古纳市年度最低日温变化范围在－39.1～－23.5 ℃,1981—
2018 年的 38 年间,年度最低日温出现在 12 月 8 日至 2 月 5 日,其
中－39.1 ℃的年度最低日温发生在 1995 年的 12 月 14 日,
－23.5 ℃的年度最低日温发生在 2009 年的 12 月 30 日;而该站
的最高日温变化范围在 30.0～39.0 ℃,1981—2018 年的 38 年
间,年度最高日温出现在 5 月 15 日至 8 月 23 日,其中 30.0 ℃的
年度最高日温发生在 1993 年的 5 月 26 日,39.0 ℃的年度最高日
温发生在 2010 年的 6 月 24 日。比较可知,年度最高日温和最低
日温的台站间差异不仅表现在温度值上,还发生在不同时期及其
时段跨度上。

统计全国各台站年均日温、年最高日温和年最低日温在 1981—
2018 年的保证率 50％对应的温度指标阈值,绘制温度指标的空间

分布,见图 4.12。

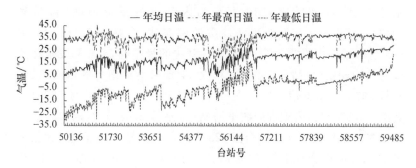

图 4.12　年均日温、年最高日温和年最低日温的保证率 50％温度指标阈值
在台站间的分布(1981—2018 年)

从图 4.12 可知,对保证率 50％温度指标阈值而言,台站间年最低日温的最大温差高达 53.3 ℃,年最高日温之差次之,台站间最大温差为 29.0 ℃,年均日温的最大温差 27.8 ℃。具体台站及年际间温度情况已在上面介绍过,这里不复赘述。

第三节　按日最低气温统计的温度指标

对选定类型温度——日最低气温(夜温)的日值进行年度统计,从全年序列中求取年度的平均、极大值和极小值,然后把各年度数据一起形成各站多年的新序列,再按概率值测算气候指标,包括对应的上下限阈值;最后求各温度指标的全国 823 个台站的极值和平均值及其对应的台站信息。

一、夜温极端(保证率 100％)高低温指标

基于日最低气温,以全国 823 个地面气象台站 1981—2018 年逐日的夜温为类型温度,统计各站历年夜温的年度平均值和极大极小值及各站 38 年相应温度的极端指标等。

各站年均夜温在 38 年极大值序列中,最高温 26.3 ℃发生在海

南省的西沙站(台站号 59981),其次 26.2 ℃为海南省的珊瑚站(台站号 59985);最低值－10.3 ℃为内蒙古的图里河站(台站号 50434),其次－9.6 ℃为黑龙江省的漠河站(台站号 50136);全国 823 个台站平均值 8.7 ℃;极小值序列中的最高值 24.6 ℃发生在海南省的珊瑚站(台站号 59985),其次 24.5 ℃为海南省的西沙站(台站号 59981);最低值－14.5 ℃为青海省的沱沱河(台站号 56004),其次－13.8 ℃为内蒙古的图里河站(台站号 50434);全国 823 个台站的多站平均值 6.0 ℃。全国 823 个地面气象站年均夜温最大相差近 40 ℃,年均夜温最高的是海南的西沙,最低的是青海省的沱沱河。

1981—2018 年的年均夜温年际间最大温差在 1.0～7.6 ℃之间变化,温差最小的 1.0 ℃对应出现在四川省的越西(台站号 56475),其次 1.2 ℃对应云南省的勐腊(台站号 56969),最大温差 7.6 ℃对应新疆的十三间房(台站号 51495)和 7.5 ℃对应山西省的五台山(台站号 53588);年度最高夜温年际间最大温差在 1.2～11.2 ℃之间变化,温差最小的 1.2 ℃对应出现在云南省的贡山(台站号 56533),其次 1.4 ℃对应云南省的勐腊(台站号 56969),最大温差 11.2 ℃对应新疆的富蕴(台站号 51087)和 10.2 ℃对应内蒙古的化德(台站号 53391)。

海南省的西沙地面气象台站年均夜温 1981—2018 年的多年平均值 25.4 ℃,最高值 26.3 ℃发生在 2016 年,1984 年出现最低值 24.5 ℃;年度最高夜温 38 年平均值为 29.3 ℃,变化范围为 28.5～30.3 ℃,夜温极大值 30.3 ℃发生在 2014 年的 6 月 21 日,极小值 28.5 ℃发生在 1984 年的 6 月 1 日;年度最低夜温多年平均 19.1 ℃,变化范围在 16.5～20.3 ℃,年度最低夜温最高气温 20.3 ℃发生在 1998 年的 1 月 3 日和 2002 年的 12 月 27 日,极端最低夜温 16.5 ℃发生在 1986 年的 3 月 3 日。

内蒙古的图里河地面气象台站年均夜温－13.8～－10.3 ℃,多年平均－12.04 ℃,最低温－13.8 ℃出现在 1987 年,最高温－10.3 ℃发生在 2015 年;年度最高夜温多年平均 16.5 ℃,年度最高夜温 18.8 ℃,发生在 2001 年的 7 月 24 日,年度最高夜温在 38 年间的极小值为 14.1 ℃,发生在 1987 年的 8 月 20 日;年度最低夜温−49.6～−39.8 ℃,最低夜温发生在 12 月至次年 2 月期间,多年平均年度最低夜温−44.5 ℃,极端最低夜温−49.6 ℃发生在 2001 年的 2 月 5 日,年度最低夜温最高温度值−39.8 ℃发生在 1995 年的 1 月 26 日。

海南省的珊瑚站多年平均夜温 25.2 ℃,最高 26.2 ℃发生在 2016 年,最低 24.6 ℃发生在 1996 年和 2011 年;年度最高夜温极大值波动范围 28.2～29.9 ℃,夜温最高 29.9 ℃发生在 2014 年的 6 月 22 日,极大值最低温 28.2 ℃发生在 1996 年的 6 月 24 日和 2008 年的 7 月 30 日,多年平均值 29.1 ℃,发生时间在 5 月 10 日至 8 月 27 日;年度最低夜温发生在 12 月 16 日至次年 3 月 10 日,多年平均值 18.9 ℃,极端最低夜温 16.4 ℃发生在 1986 年的 3 月 3 日,38 年间的年度最低夜温极大值 20.4 ℃发生在 2001 年的 12 月 31 日。

青海省的沱沱河站多年平均夜温−10.4 ℃,1985 年出现最低年均夜温值−14.5 ℃,该站年均最高夜温−8.2 ℃发生在 2009 年。年度夜温最高值的多年平均 6.9 ℃,发生日期集中在 6 月 28 日至 8 月 27 日的夏季时段,年度最高值 9.6 ℃发生在 2006 年的 7 月 19 日,最低值 4.7 ℃发生在 1983 年的 8 月 15 日;年度最低夜温多年平均−32.2 ℃,发生在 12 月 3 日至次年 2 月 21 日的冬季期间,年度最低夜温最高值−26.7 ℃发生在 2006 年的 12 月 24 日,该站 1981—2018 年的极端最低夜温为−45.2 ℃,发生在 1986 年的 1 月 6 日。

从各站历年年度夜温产生的极大值序列,提取各站年度夜温上限阈值,组成 823 个站的极大值新序列,新序列的最高值 37.1 ℃发生在新疆的吐鲁番站(台站号 51573),最低值 7.7 ℃为青海的五道梁(台站号 52908),多站平均值 26.0 ℃;下限阈值组成的极小值新序列的最高值 28.8 ℃发生在湖南的岳阳站(台站号 57584,1996 年 7 月 26 日),最低值 3.4 ℃为青海的五道梁(台站号 52908),多站平均值 21.5 ℃。

从各站历年年度日最低气温的极小值序列,提取各站年度日最

低气温上限序列中(图 4.13(a)),组成 823 个站的极大值新序列,新
序列的最高值 20.4 ℃发生在海南省的珊瑚站(台站号 59985),最低值
—39.8 ℃为内蒙古的图里河站(台站号 50434),多站平均值—9.5 ℃;
下限阈值组成的极小值新序列(图 4.13(b))的最高值 16.5 ℃发生
在海南省的西沙站(台站号 59981),最低值—49.6 ℃为内蒙古的图
里河站(台站号 50434)和新疆的巴音布鲁克站(台站号 51542),多站
平均值—19.3 ℃。

　　全国最高夜温 37.1 ℃发生在新疆的吐鲁番站(台站号 51573),
时间为 2017 年的 7 月 10 日。最低夜温—49.6 ℃出现在内蒙古的
图里河站(台站号 50434)的 2001 年 2 月 5 日和新疆的巴音布鲁克
站(台站号 51542)的 2011 年 1 月 10 日。

　　新疆的吐鲁番站年均夜温多年平均值 9.7 ℃,1981—2018 年的
年均夜温变化范围 7.4~13.0 ℃,最高值发生在 2017 年,最低值出
现在 1984 年;年度最高夜温多年平均值 31.1 ℃,变化范围 28.5~
37.1 ℃,发生时期在 6 月 2 日至 8 月 23 日的夏季,最高夜温 37.1 ℃
发生在 2017 年的 7 月 10 日,年度最高夜温的最低值 28.5 ℃发生在
1993 年的 6 月 30 日;年度最低夜温多年平均值—14.7 ℃,变化范围
—21.1~—10.4 ℃,集中发生时期在 11 月 29 日至次年 1 月 27 日
的冬季两个月时段里,年度最低夜温上限—10.4 ℃发生在 2017 年
的 1 月 21 日,年度最低夜温下限—21.1 ℃发生在 1984 年的 12 月
30 日;该站 38 年间的夜温变幅高达 58.2 ℃。

　　青海的五道梁站年均夜温多年平均值—10.6 ℃,1981—2018
年的年均夜温变化范围—12.1~—9.1 ℃,最高值发生在 2009 年和
2011 年,最低值出现在 1984 年和 1985 年;年度最高夜温多年平均值
5.8 ℃,变化范围 3.4~7.7 ℃,集中发生时期在 7 月 7 日至 8 月 22 日
的一个半月的时间里,最高夜温 7.7 ℃发生在 2006 年的 7 月 16 日,年
度最高夜温的最低值 3.4 ℃发生在 1984 年的 7 月 9 日;年度最低夜温
多年平均值—30.3 ℃,变化范围—37.7~—26.8 ℃,集中发生时期在
11 月 30 日至次年 3 月 6 日的 3 个多月的时段里,年度最低夜温上限
—26.8 ℃发生在 2009 年的 1 月 7 日,年度最低夜温下限—37.7 ℃发

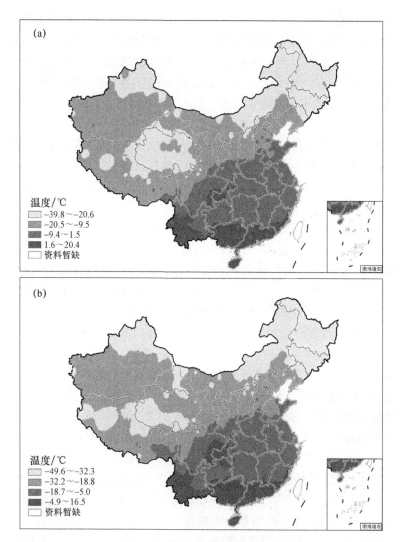

图 4.13　年夜温极大值(a)和极小值(b)的空间分布(1981—2018 年)

生在 1989 年的 1 月 12 日;该站 38 年间的夜温变幅高达 45.4 ℃,比新疆的吐鲁番站低 12.8 ℃,比内蒙古的图里河站低 23 ℃。

湖南的岳阳站年均夜温多年平均值 15.045 ℃,1981—2018 年的年均夜温变化范围 13.8～16.0 ℃,最高值发生在 2018 年,最低值出现在 1984 年;年度最高夜温多年平均值 30.7 ℃,变化范围 28.8～32.5 ℃,发生时期在 6 月 29 日至 8 月 22 日的夏季,最高夜温 32.5 ℃发生在 2013 年的 8 月 11 日,年度最高夜温的最低值 28.8 ℃发生在 1996 年的 7 月 26 日;年度最低夜温多年平均值－2.6 ℃,变化范围－5.9～0.9 ℃,集中发生时期在 11 月 29 日至次年 2 月 24 日的冬季 3 个月时段里,年度最低夜温上限 0.9 ℃发生在 2017 年的 2 月 8 日,年度最低夜温下限－5.9 ℃发生在 1991 年的 12 月 29 日;该站 38 年间的夜温最大差值为 38.4 ℃,比新疆吐鲁番低近 20 ℃,比内蒙古的图里河低 30 ℃。

新疆的巴音布鲁克年均夜温多年平均值－10.4 ℃,1981—2018 年的年均夜温变化范围－12.4～－8.4 ℃,最高值发生在 1998 年,最低值出现在 1984 年和 1995 年;年度最高夜温多年平均值 10.7 ℃,变化范围 8.3～14.0 ℃,发生时期集中出现在 5 月 26 日至 8 月 27 日的 3 个月时间里,最高夜温 14.0 ℃发生在 2018 年的 5 月 26 日,年度最高夜温的最低值 8.3 ℃发生在 2009 年的 7 月 27 日;年度最低夜温多年平均值－41.0 ℃,变化范围－49.6～－34.0 ℃,集中发生时期在 12 月 8 日至次年 2 月 23 日的冬季两个半月时段里,年度最低夜温上限－49.6 ℃发生在 2011 年的 1 月 10 日,年度最低夜温下限－34.0 ℃发生在 2003 年的 12 月 20 日;该站 38 年间的夜温最大差值为 63.6 ℃,比内蒙古的图里河低 4.8 ℃。

内蒙古的图里河年均夜温多年平均值－12.035 ℃,1981—2018 年的年均夜温变化范围－13.8～－10.3 ℃,最高值发生在 2015 年,最低值出现在 1987 年;年度最高夜温多年平均值 16.5 ℃,变化范围 14.1～18.8 ℃,发生时期集中出现在 7 月 4 日至 8 月 20 日的一个半月时间里,最高夜温 18.8 ℃发生在 2001 年的 7 月 24 日,年度最高夜温的最低值 14.1 ℃发生在 1987 年的 8 月 20 日;年度最低夜温多年平均值－44.55 ℃,变化范围－49.6～－39.8 ℃,集中发生时期在 12 月 8 日至次年 2 月 21 日的冬季两个半月时段里,年度最低夜温上限－49.6 ℃发生在 2001 年的 2 月 5 日,年度最低夜温下限

−39.8 ℃发生在 1995 年的 1 月 26 日；该站 38 年间的夜温最大差值为 68.4 ℃，比新疆吐鲁番要高 10.2 ℃，是以上几个典型台站中极端夜温温差最大的。

二、极端事件(保证率 90%)温度指标

基于日最低气温(夜温)，以全国 823 个地面气象台站 1981—2018 年逐日的日最低气温为类型温度，统计各站历年日最低气温的极端温度事件指标，即按 IPCC 定义对应保证率 90% 的上下限温度阈值的相应温度的极端程度阈值指标等，绘制全国台站极端夜温事件高低温指标分布图，如图 4.14 所示。

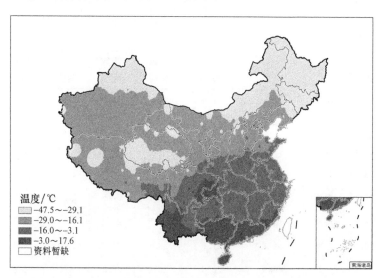

图 4.14 中国日最低气温极端事件 90% 低温指标的空间分布

从图 4.14 可知，夜温极端事件高低温指标具有明显的空间分布，全国总体呈现南高北低的趋势，海南、广东和广西全省，福建、云南、贵州、西川和重庆等省市的部分地区年均夜温在各站年均夜温 38 年的极端事件温度指标上限序列中，最高气温 25.9 ℃发生在海南省的西沙站(台站号 59981)，最低值−11.2 ℃为内蒙古的图里河

站(台站号 50434),多站平均值 8.2 ℃;下限序列中的最高值 24.9 ℃发生在海南省的西沙站(台站号 59981),最低值 -12.9 ℃为内蒙古的图里河站(台站号 50434),多站平均值 6.5 ℃。海南全省各站的年均夜温高温指标都不低于 20.5 ℃,低温指标不低于 19.0 ℃,全省平均年均夜温低温指标 21.8 ℃,也就是极端夜温事件小于 21.8 ℃的夜温才称之为低温,大于 23.3 ℃年均夜温才算是高温事件;不同空间尺度的高低温指标不同。这里仅列举全国排前后 15 位的台站于表 4.5。

表 4.5　全国年均夜温极端事件高低温指标排列前后 15 位的台站及其温度

年均夜温/℃	省份	台站名	年均夜温/℃	年度夜温最大值/℃		年度夜温最小值/℃	
高温阈值			低温阈值	高温阈值	低温阈值	高温阈值	低温阈值
25.9	海南	西沙	24.9	29.9	28.8	20.1	17.6
25.5	海南	珊瑚	24.7	29.7	28.6	19.9	17.6
24.2	海南	三亚	21.1	29.6	25.9	14.7	9.6
23.3	海南	东方	21.9	30.6	29.4	11.5	8.2
23.1	海南	陵水	22.0	28.6	27.5	13.5	8.9
22.9	海南	琼海	21.3	28.5	27.2	10.7	7.7
22.5	海南	海口	21.3	28.8	27.3	10.7	6.9
21.8	广西	涠洲岛	20.6	29.9	29.0	8.6	4.8
21.8	广东	徐闻	20.6	29.2	27.5	8.3	4.8
21.6	广东	湛江	20.3	29.4	28.0	8.0	4.6
21.6	海南	儋州	20.0	28.7	27.2	9.3	5.5
21.3	广东	电白	20.1	29.1	27.8	7.3	3.7
21.3	广东	上川岛	20.2	29.7	28.2	8.1	4.2

续表

年均夜温/℃	省份	台站名	年均夜温/℃	年度夜温最大值/℃		年度夜温最小值/℃	
高温阈值			低温阈值	高温阈值	低温阈值	高温阈值	低温阈值
−7.6	内蒙古	阿尔山	−10.0	20.8	16.4	−37.5	−41.9
−7.7	新疆	吐尔尕特	−8.9	10.3	6.3	−27.3	−31.3
−7.9	黑龙江	塔河	−10.1	20.5	16.6	−37.7	−43.7
−7.9	青海	玛多	−10.0	9.1	6.7	−28.5	−35.4
−8.5	黑龙江	新林	−10.3	20.1	16.1	−36.6	−43.2
−8.5	青海	托勒	−10.7	11.8	8.5	−31.1	−35.7
−8.7	青海	野牛沟	−10.7	11.8	7.9	−29.8	−33.5
−8.8	青海	沱沱河	−11.6	8.0	5.7	−28.3	−36.5
−9.2	新疆	巴音布鲁克	−11.6	12.1	9.3	−37.2	−44.1
−9.4	青海	五道梁	−11.8	6.9	4.5	−27.3	−33.3
−9.7	青海	清水河	−11.8	7.4	5.8	−33.1	−40.5
−10.0	黑龙江	漠河	−12.3	19.1	16.5	−41.6	−46.2
−10.1	黑龙江	呼中	−11.9	19.2	15.6	−40.9	−47.5
−11.2	内蒙古	图里河	−12.9	18.0	15.4	−41.1	−47.4

从表 4.5 可知,年均夜温极端高温事件的高温指标高的,低温事件的低温指标不一定高,年度夜温极大(小)值极端事件的高低温指标也并不一定就高。因为不同地区不同台站夜温的稳定性差别很大,夜温的变幅差异很大。这里不一一细述,仅从表 4.5 便可知,内蒙古的图里河年均夜温高于 −11.2 ℃ 就算高温事件,而海南的西沙年均夜温 24.9 ℃ 便算是低温事件了;青海的五道梁年度夜温最大值超过 6.9 ℃ 便属于高温事件,而广西的涠洲岛年度夜温最大值

29.0 ℃便算是低温事件了;黑龙江的漠河年度夜温最小值≥-41.6 ℃便是高温事件,而海南的珊瑚 17.6 ℃却仍归为低温事件。

从各站历年年度夜温极大值序列,统计各站年度日最低气温极端高温事件上限阈值,组成 823 个站的极大值新序列,新序列的最高值 32.5 ℃发生在新疆的吐鲁番站(台站号 51573),最低值 6.9 ℃为青海省的五道梁站(台站号 52908),多站平均值 24.9 ℃;低温下限阈值组成的极小值新序列的最高值 29.7 ℃发生在新疆的吐鲁番站(台站号 51573)和湖南省的岳阳站(台站号 57584),最低值 4.5 ℃为青海省的五道梁站(台站号 52908),多站平均值 22.4 ℃。

从各站历年年度日最低气温的极小值序列,提取各站年度日最低气温上限序列中,组成 823 个站的极大值新序列,新序列的最高值 20.1 ℃发生在海南省的西沙站(台站号 59981),最低值-41.6 ℃为黑龙江省的漠河站(台站号 50136),多站平均值-11.1 ℃;下限阈值组成的极小值新序列的最高值 17.6 ℃发生在海南省的西沙站(台站号 59981)和珊瑚站(台站号 59985),最低值-47.5 ℃为黑龙江省的呼中站(台站号 50247),多站平均值-16.1 ℃。

三、正常事件(保证率 50%)的温度指标

基于日最低气温(简称夜温),以全国 823 个地面气象台站1981—2018 年逐日的日最低气温为类型温度,统计各站历年的夜温对应保证率 50%的温度指标,绘制年均夜温保证率 50%的温度指标阈值空间分布图,如图 4.15 所示。

从图 4.15 可知,全国多年平均的年均夜温高低分布呈现明显的区域成片性。相对而言,中国南方属于高温区,北方则属于低温区,最高夜温区为海南和广东,最低夜温区则为西藏、青海和东北三省及内蒙古东部地区。

各站年均日最低气温多年平均值序列中,最高温 25.4 ℃发生在海南省的西沙站(台站号 59981),最低值-12.0 ℃为内蒙古的图里河站(台站号 50434),多站平均值 7.4 ℃。列举全国多年平均年均夜温前后 10 位的台站及其温度指标列于表 4.6。

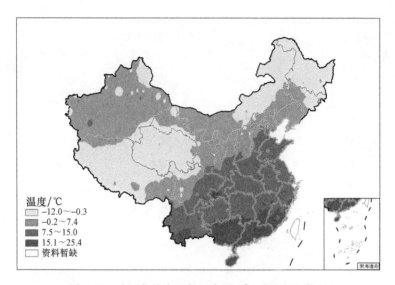

图 4.15　中国年均夜温保证率 50%温度指标阈值的
空间分布(1981—2018 年)

表 4.6　全国年均夜温最高和最低值对应保证率 50%的温度指标排
前 10 位的台站及其温度

年均夜温 多年均值/℃	省份	台站名	年度夜温极大值 多年平均值/℃	年度夜温极小值 多年平均值/℃
25.4	海南	西沙	29.4	19.4
25.2	海南	珊瑚	29.0	19.2
23.2	海南	三亚	28.8	12.3
22.7	海南	东方	30.1	10.3
22.5	海南	陵水	28.1	11.5
22.0	海南	海口	28.0	8.7
22.0	海南	琼海	27.8	9.1
21.3	广西	涠洲岛	29.4	6.5
21.3	广东	徐闻	28.1	6.3

续表

年均夜温 多年均值/℃	省份	台站名	年度夜温极大值 多年平均值/℃	年度夜温极小值 多年平均值/℃
20.9	广东	上川岛	28.7	6.5
−9.2	黑龙江	塔河	18.9	−41.3
−9.2	黑龙江	新林	18.4	−41.7
−9.5	青海	托勒	10.3	−32.7
−9.7	青海	野牛沟	10.0	−31.7
−10.4	青海	沱沱河	7.0	−31.3
−10.4	新疆	巴音布鲁克	10.8	−41.3
−10.7	青海	五道梁	6.0	−30.0
−10.9	黑龙江	呼中	17.5	−45.0
−11.0	青海	清水河	6.9	−35.6
−11.3	黑龙江	漠河	17.6	−44.3
−12.0	内蒙古	图里河	16.3	−45.0

各站年度夜温保证率 50%温度指标最高值 30.7 ℃发生在新疆的吐鲁番站（台站号 51573）和湖南省的岳阳站（台站号 57584），最低值 6.0 ℃为青海省的五道梁站（台站号 52908），多站平均值 23.6 ℃。列举全国年度夜温最高值保证率 50%温度指标值排列前后 11 位的台站及其温度指标列于表 4.7。

表 4.7　全国年度夜温最高值保证率 50%的温度指标位列全国
前后 11 位的台站及其温度

年度最高夜温 保证率 50%的 温度/℃	省份	台站名	年均夜温保证率 50%温度/℃	年度最低夜温 保证率 50% 温度/℃
30.7	湖南	岳阳	15.1	−2.7
30.7	新疆	吐鲁番	9.6	−14.4

续表

年度最高夜温保证率50%的温度/℃	省份	台站名	年均夜温保证率50%温度/℃	年度最低夜温保证率50%温度/℃
30.5	重庆	綦江	15.8	1.1
30.3	安徽	巢湖	13.0	−6.6
30.1	海南	东方	22.7	10.3
30.0	湖北	洪湖	14.5	−3.4
30.0	湖北	武汉	13.5	−4.8
29.9	湖北	嘉鱼	14.4	−3.1
29.9	江苏	无锡	13.2	−5.8
29.7	四川	叙永	15.4	1.5
29.7	安徽	安庆	14.0	−4.6
8.3	新疆	吐尔尕特	−8.4	−29.1
8.3	西藏	班戈	−5.8	−26.7
8.2	西藏	那曲	−6.8	−27.0
8.1	青海	玛多	−8.8	−30.9
7.5	西藏	嘉黎	−6.0	−27.2
7.4	西藏	错那	−4.5	−26.8
7.1	西藏	帕里	−5.1	−23.6
7.0	青海	沱沱河	−10.4	−31.3
6.9	青海	清水河	−11.0	−35.6
6.8	西藏	安多	−8.3	−27.8
6.0	青海	五道梁	−10.7	−30.0

各站历年年度夜温极小值保证率50%的温度指标,最高值19.4℃发生在海南省的西沙站(台站号59981),最低值−45.0℃为内蒙古的图里河站(台站号50434)和黑龙江省的呼中站(台站号50247),多

站平均值−13.4 ℃。列举全国年度夜温保证率 50％温度指标最低
值前后 10 位的台站及其温度指标列于表 4.8。

表 4.8　全国年度夜温最低值 50％保证率位列全国前后 10 位的
台站及其温度指标

年度最低夜温保证率 50％温度指标阈值/℃	省份	台站名	年均夜温保证率 50％温度指标/℃	年度最高夜温保证率 50％温度指标/℃
−45.0	内蒙古	图里河	−12.0	16.3
−45.0	黑龙江	呼中	−10.9	17.5
−44.3	黑龙江	漠河	−11.3	17.6
−41.7	黑龙江	新林	−9.2	18.4
−41.3	新疆	巴音布鲁克	−10.4	10.8
−41.3	黑龙江	塔河	−9.2	18.9
−41.0	内蒙古	额尔古纳市	−8.1	19.5
−40.8	黑龙江	乌伊岭	−7.1	19.6
−40.0	黑龙江	呼玛	−6.2	20.6
−40.0	内蒙古	阿尔山	−8.9	18.3
7.1	云南	勐腊	18.0	23.9
7.5	海南	儋州	20.8	27.9
7.7	云南	景洪	18.5	24.9
8.7	海南	海口	22.0	28.0
9.1	海南	琼海	22.0	27.8
10.3	海南	东方	22.7	30.1
11.5	海南	陵水	22.5	28.1
12.3	海南	三亚	23.2	28.8
19.2	海南	珊瑚	25.2	29.0
19.4	海南	西沙	25.4	29.4

从表 4.8 可知,年度最低温度对应保证率 50% 的温度指标阈值较低的台站和地区,年均夜温和年度最高温指标不一定就是相对较低的。不同台站间差异较大,夜温的年度和年际变化的时空差异也是较大的。在利用气候资源和规避灾害时,一定要根据气象实际情况因地制宜。

第五章　不同极端程度的降水量指标

第一节　年降水量和雨日降水量的极端指标

从云中降落的液态或固态水,未经蒸发、渗透和流失,在单位水平面积上所积聚的水层深度称为降水量,雪、霰、雹等固体降水量为其融化后的水层厚度。降水量单位为 mm。单位时间内的降水量称为降水强度(单位 mm/d 或 mm/h)。按降水强度的大小,可将降雨分为小雨、中雨、大雨、暴雨、大暴雨和特大暴雨(表 5.1)。降雪也分为小雪、中雪和大雪。

表 5.1　降水强度与降水量对照表

降水强度 降水等级	降水量 /(mm/h)	降水量 /(mm/d)	降水强度 降水等级	降水量 /(mm/d)
小雨	≤2.5	<0.1~9.9	小雪	≤2.5
中雨	2.6~8.0	10.0~24.9	中雪	2.6~5.0
大雨	8.1~15.9	25.0~49.9	大雪	>5.0
暴雨	≥16.0	50.0~99.9		
大暴雨		100.0~249.9		
特大暴雨		≥250.0		

中国气象局规定 24 h 降水量 50.0~99.9 mm、100.0~249.9 mm 和≥250.0 mm 的降水事件称为暴雨、大暴雨和特大暴雨。在研究和实践应用中,也有将日降水量≥50.0 mm 的降水事件统称为暴雨的。从单站降水观测看,单站连续 3 d 或 3 d 以上均有暴雨发生可认为是一次持续性暴雨,一次连续性暴雨可持续 3~7 d;当单站连续 5 d

除中间 1 d 降水量<50.0 mm,其余 4 d 的日降水量≥50.0 mm 时,也可视为该局地发生一次持续性暴雨过程。

本专著基于逐日气象观测数据进行统计分析,只统计分析年度降水量和年内雨日降水量。1981—2018 年的 823 个台站年最大降水量的多年平均值为 1294.2 mm,年度最小降水量的多年平均值为 543.7 mm,最大值是最小值的 2 倍;历年最大雨日降水量的上限多年平均值为 164.4 mm,历年最大雨日降水量下限的多年平均值为 34.2 mm,上限是下限的近 5 倍。

一、年降水量的极(端)指标

1. 年降水量极值及其分布

统计全国 823 个台站 1981—2018 年的年降水量,并把各站最大年降水量和最小年降水量的空间分布绘制 GIS(地理信息系统)图,如图 5.1 和图 5.2 所示。

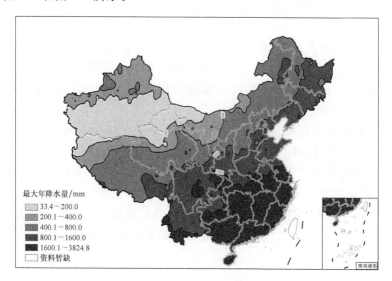

图 5.1　最大年降水量的空间分布图(1981—2018 年)

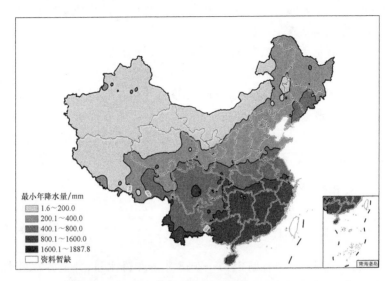

图 5.2　最小年降水量的空间分布图(1981—2018 年)

从图 5.1 可知,全国 823 个台站最大年降水量从 33.4~3824.8 mm 不等,降水量多的台站与降水量少的年降水量相差 100 多倍。在空间分布上,除新疆外,呈现出由东南向西北递减的总趋势,年降水量的高低具有明显的区域成片性;新疆地区的最大年降水量具有明显的南北之分,南疆地区的降水量较北疆少,年降水量受地形影响较大。

从图 5.2 可知,全国各站年降水量最小的仅 1.6 mm,最多的 1887.8 mm,相差 1000 多倍。从空间分布来看,最小年降水量也具有从东南向西北递减的总体趋势,与最大年降水量分布趋势大体相似,但在成片中有斑点插入式,使分布特征显得更加复杂。

历年降水量都在 100 mm 以下的 13 个台站和历年都在 3000 mm 以上的 11 个台站,以及最大和最小年降水量处于全国平均水平附近的台站信息列于表 5.2。

表 5.2 年降水量极端值位于全国台站前后近 10 位和
平均值附近的台站降水信息

台站名	省份	年降水量极值及其出现年份				年度最大日降水量极值及其出现日期			
		最大/mm	年份	最小/mm	年份	最大/mm	日期	最小/mm	日期
吐鲁番	新疆	33.4	1998	3.8	1982	13.6	1984-06-21	0.8	1982-08-29
冷湖	青海	35.8	2002	5.2	2000	17.3	2011-06-15	2.0	1983-07-21
且末	新疆	54.3	2007	5.9	1986	31.1	2007-07-16	2.6	2001-09-05
淖毛湖	新疆	61.3	2005	1.6	1997	22.8	1995-08-15	0.4	1997-02-26
小灶火	青海	67.5	2012	8.7	2000	12.7	1991-08-03	1.5	2000-06-23
鄯善	新疆	76.8	1998	12.6	1985	28.8	1984-06-21	2.7	2009-09-03
哈密	新疆	78.8	2015	9.2	1997	25.5	2002-06-19	2.7	1997-08-30
敦煌	甘肃	87.4	2007	11.6	2008	31.1	2016-08-17	2.9	2009-09-09
拐子湖	内蒙古	87.8	1981	13.9	1987	37.7	2011-08-15	3.0	1982-08-03
格尔木	青海	90.8	2010	17.5	1990	27.1	2010-06-07	2.5	2013-05-03
红柳河	新疆	95.3	2003	16.9	1986	27.4	1984-07-10	3.3	1986-07-16
鼎新	甘肃	98.4	2007	28.4	1989	30.0	2007-07-19	4.3	2015-09-03
十三间房	新疆	99.1	1990	4.8	1985	42.2	1990-07-19	1.1	1985-07-11
盐源	四川	1113.4	1998	539.0	2011	97.4	1981-06-20	33.2	2008-08-25
永城	河南	1210.4	2003	543.7	2011	239.7	1997-07-17	44.7	1998-03-09
毕节	贵州	1284.7	1983	614.8	1989	146.1	2006-06-29	27.7	1988-07-29
邳州	江苏	1293.2	2005	528.8	1999	196.2	1984-07-09	34.5	1999-06-15
黔西	贵州	1294.6	2012	545.1	2011	150.9	2012-05-12	35.6	1981-05-19
广南	云南	1296.7	2017	714.0	2011	144.4	1984-09-12	39.1	2011-05-11
绵阳	四川	1367.2	2018	545.5	2016	266.7	2017-07-05	40.9	2016-07-09

续表

台站名	省份	年降水量极值及其出现年份				年度最大日降水量极值及其出现日期			
		最大/mm	年份	最小/mm	年份	最大/mm	日期	最小/mm	日期
桂林	广西	3012.0	2015	1254.3	2011	243.6	2008-06-12	62.8	1995-06-15
琼中	海南	3023.4	2001	1412.0	2015	328.3	1983-10-27	76.2	2015-11-22
清远	广东	3089.6	1983	1424.4	2011	295.6	1997-05-08	71.2	2004-08-05
雁山	广西	3118.1	2015	946.4	2011	277.7	2017-07-02	59.4	2018-07-07
上川岛	广东	3368.2	2008	1448.6	1991	566.3	2003-06-11	103.6	1999-08-25
英德	广东	3450.5	1997	1285.9	1989	253.4	1997-05-08	66.4	2009-06-15
黄山	安徽	3492.5	2016	1684.9	2006	328.4	1991-07-07	70.3	2006-05-05
佛冈	广东	3519.5	1983	1183.8	1991	294.9	1988-05-25	58.3	1991-08-11
防城	广西	3604.8	2001	1792.8	2006	364.6	2004-07-20	121.7	2010-09-22
阳江	广东	3611.3	2001	1451.0	1989	605.3	2001-06-08	68.2	1989-05-31
东兴	广西	3824.8	2001	1887.8	1991	323.9	1995-08-05	110.4	2018-11-14

  根据 1981—2018 年全国 823 个地面气象观测站逐日降水量统计结果,年降水量最少的台站是新疆的吐鲁番站,最大年降水量仅33.4 mm(1998 年),该站年降水量最小仅为 3.8 mm(1982 年),年降水量最大值与最小值相差(变幅)虽然只有 29.6 mm,但最大降水量的年份降水量差不多是最小年份的 9 倍;年降水量最大的台站是广西的东兴站,最大年降水量 3824.8 mm(2001 年),该站最小年降水量 1887.8 mm(1991 年),年降水量变幅为 1937.0 mm,最大降水量是最小值的 2 倍。全国 823 个台站比较,最大年降水量最多的台站的最大年降水量是最大年降水量最少台站的 114.5 倍。

  从表 5.2 可见,13 个最大年降水量低于 100 mm 的台站分布在西北地区,其中新疆 7 个、青海 3 个、甘肃 2 个、内蒙古 1 个。这些台站的年降水量都不大,年降水量变幅也很小,但年降水量最大值至少也在最小值的 3 倍以上,其中新疆淖毛湖最大年降水量 61.3 mm(2005 年),而在 1997 年的年降水量却只有 1.6 mm,2005 年的年降水量虽然只比 1997 年多 59.7 mm,却是 1997 年的 38.3 倍;其次是新疆的十三间房地面气象站 1990 年的年降水量 99.1 mm 是 1985年 4.8 mm 的 20.6 倍。这 13 个台站在空间上是集中分布在我国的西北地区,但降水量最大和最小的年份却并不集中,最大降水量的年份在哪个年代都有,降水量最小的年份在 2008 年以后的 10 多年则没有出现。可能在 2008 年以后,西北地区的降水量是呈增加趋势的,当然这还有待进一步的分析。全球气候变化对我国西北的干旱确有缓解,也迎来了我国西北大开发和大发展的好时机。年降水量大的年份,并不一定是年度日降水量最大的年份,也就是说某年份出现极端降水的天气,但年降水量并不一定就大。这 13 个台站中,只有 4 个台站的最大日降水量发生在年降水量最大的年份,而69.2% 的台站日降水量最大的年份其年降水量却并不是最大的。这 13 个台站都有最大日降水量比某些年份的年降水量都大的情况发生,有些地区某年的日降水量却是其他年度降水量的 13 倍多。例如新疆淖毛湖站的 1995 年 8 月 15 日降水量 22.8 mm,而 1997 年的年降水量却只有 1.6 mm,即 1995 年 8 月 15 日的日降水量是1997 年的年降水量的 13.3 倍;该站 1997 年的年度最大日降水量仅0.4 mm,发生在 2 月 26 日。比较降水量较少地区的新疆十三间房站,在 1990 年 7 月 19 日的日降水量 42.2 mm,是新疆淖毛湖站1997 年的年度最大日降水量的 100 多倍。而对于降水量高的地区而言,差别就更大了。广西东兴站 2001 年的年降水量 3824.8 mm,是新疆淖毛湖站 1997 年年降水量的 2390.5 倍。广东阳江站 2001年 8 月 6 日的日降水量 605.3 mm,是新疆淖毛湖站 1997 年年度最大日降水量的 1500 多倍。从表 5.2 和这些数据分析,中国台站间年降水量和年度日最大降水量最大相差竟达数千倍,说明中国降水量空间差异相当大。

从表 5.2 还可知,年降水量最大值在 3000 mm 以上的 11 个台站分布在广东(5 个)、广西(4 个)、海南(1 个)、安徽(1 个)。这 11 个台站中除了广西雁山站年降水量最大在 3000 mm 以上,而年降水量最小值却低于 1000 mm,其他 10 个台站历年的年降水量都大于 1000 mm。这些台站的年降水量最大值与最小值相差至少在 1600 mm 以上,虽然绝对值相差较大,但最大值却仅为最小值的 2.0～3.3 倍。从 1981—2018 年的年降水量统计结果来看,最大值与最小值相差最大的台站是广东佛冈站,年降水量最大值 3519.5 mm 发生在 1983 年,最小值 1183.8 mm 出现在 1991 年,两者相差 2335.7 mm, 最大值是最小值的 3 倍。广西雁山站的年降水量最大值 3118.1 mm 出现在 2015 年,最小值 946.4 mm 发生在 2011 年,这两年的年降水量相差 2171.7 mm,最大值是最小值的 3.3 倍。这 11 个台站中,年降水量最大的年份与日降水量最大的年份正好重合的,只出现在广东阳江站,该站 2001 年年降水量为 3611.3 mm,2001 年 6 月 8 日发生特大暴雨,日降水量高达 605.3 mm。

最大年降水量的全国平均值 1294.6 mm,是新疆吐鲁番站降水量的 38.8 倍,即比吐鲁番最大年降水量多 37.8 倍。与年降水量最高的广西东兴站相比,则仅为 33.8%,约为 2001 年年降水量 3824.8 mm 的 1/3。表 5.2 中列举平均值附近的 7 个台站,贵州的黔西 2012 年的年降水量正好处于全国 1981—2018 年中最大年降水量的平均值,江苏的邳州最大年降水量 1293.2 mm 发生在 2005 年, 云南广南站最大年降水量 1296.7 mm(2017 年)。相对全国而言,降水量最大的年份因台站而各异,也就是说年降水量存在明显的时间和空间变异性。

2. 年降水量变幅及其空间差异

统计全国 823 个地面气象台站 1981—2018 年各站年降水量变幅,最小值 29.6 mm 对应新疆的吐鲁番站,最大值 2340.4 mm 对应着海南的西沙站,全国多站平均 750.5 mm。把年降水量变幅处于全国前后近 10 位和位于平均值附近的台站及其年降水量极端值列于表 5.3。

表 5.3　中国部分台站的年降水量变幅及其年降水量极端值

省份	台站名	年降水量 变幅/mm	最大年降 水量/mm	最小年降 水量/mm	相差倍数
新疆	吐鲁番	29.6	33.4	3.8	7.8
青海	冷湖	30.6	35.8	5.2	5.9
新疆	且末	48.4	54.3	5.9	8.2
青海	小灶火	58.8	67.5	8.7	6.8
新疆	淖毛湖	59.7	61.3	1.6	37.3
新疆	鄯善	64.2	76.8	12.6	5.1
新疆	哈密	69.6	78.8	9.2	7.6
甘肃	鼎新	70.0	98.4	28.4	2.5
青海	格尔木	73.3	90.8	17.5	4.2
内蒙古	拐子湖	73.9	87.8	13.9	5.3
甘肃	敦煌	75.8	87.4	11.6	6.5
新疆	红柳河	78.4	95.3	16.9	4.6
山东	海阳	747.2	1137.9	390.7	1.9
贵州	黔西	749.5	1294.6	545.1	1.4
辽宁	绥中	750.0	1045.2	295.2	2.5
河南	新乡	752.5	994.3	241.8	3.1
河北	乐亭	755.3	1059.2	303.9	2.5
贵州	罗甸	755.7	1528.1	772.4	1.0
安徽	黄山	1807.6	3492.5	1684.9	1.1
广西	防城	1812.0	3604.8	1792.8	1.0
广东	汕尾	1842.4	2953.9	1111.5	1.7
海南	陵水	1859.1	2767.2	908.1	2.0
广东	上川岛	1919.6	3368.2	1448.6	1.3
广西	东兴	1937.0	3824.8	1887.8	1.0

省份	台站名	年降水量 变幅/mm	最大年降 水量/mm	最小年降 水量/mm	相差倍数
江西	宁都	1949.3	2997.1	1047.8	1.9
福建	仙游	2012.8	2984.8	972.0	2.1
广东	阳江	2160.3	3611.3	1451.0	1.5
广东	英德	2164.6	3450.5	1285.9	1.7
广西	雁山	2171.7	3118.1	946.4	2.3
广东	佛冈	2335.7	3519.5	1183.8	2.0
海南	西沙	2340.4	2857.4	517.0	4.5

从表 5.3 可知,全国各站中,年降水量变幅最小的新疆吐鲁番站年降水量最大值与最小值相差仅 29.6 mm,变幅最大的则是海南的西沙站,年降水量变幅高达 2340.4 mm。相比较全国 823 个台站,最大变幅是最小变幅的 79 倍多。从表 5.3 中所列举的 31 个台站统计得知,最大年降水量都比最小年降水量要高出至少 1 倍,相对而言越是年降水量多的台站,虽然年降水量的变幅较大,但最大年降水量比最小年降水量高出倍数却比降水量少的地区要低一些。降水量较少的西北地区,降水变率比雨水较多的南方地区明显偏大。新疆淖毛湖站最大年降水量比最少年降水量多 59.7 mm,变幅相对较小,但比新疆和青海的其他 4 个台站要高一些,其年降水量最大的 2005 年的 61.3 mm 和最小年降水量的 1997 年的 1.6 mm 相比,最大值与最小值相差倍数却高达 37.3 倍,处于全国之最。年降水量变幅在 750 mm 附近的 6 个台站分布在东部地区,且从南至北跨越 6 个省份,较为分散。

绘制 1981—2018 年的年降水量变幅空间分布图,如图 5.3 所示。

从图 5.3 来看,年降水量变幅在全国具有大范围的分片性,也具有成片区域中的零星点状分散性。从全国整体看,年降水量变幅与年降水量的分布走势大体上是一致的,除新疆外,从东南向西北

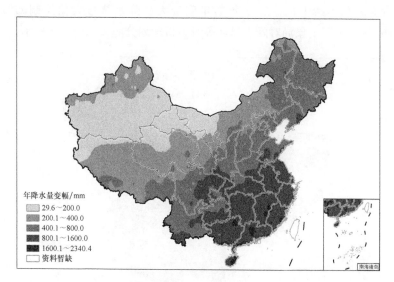

图 5.3　年降水量变幅空间分布图(1981—2018 年)

逐渐降低。东南部绝大多数地区年降水量变幅在 800 mm 以上,其中具有分散性的 1000 mm 和 2000 mm 以上的台站,也有 800 mm 以下的情况。

二、年度最大日降水量

分别统计全国 823 个地面气象台站 1981—2018 年各站历年的年度最大日降水量,从各站年份序列中提取最大值则为该台站日降水量的极大值,即最大日降水量;序列中的最小值则为该台站年度最大日降水量的极小值。

1. 最大日降水量及其空间分布

在全国 823 个地面气象台站中,1981—2018 年的日最大降水量最小值 12.7 mm 对应的台站是青海省的小灶火站,最大值 633.8 mm 对应的是海南省的西沙站,全国 823 个台站平均值为 164.4 mm。把全

国 823 个台站 1981—2018 年的年度最大日降水量极大值绘制 GIS
图,并以中国气象局对降水强度等级为指标划分等级如图 5.4 所示。

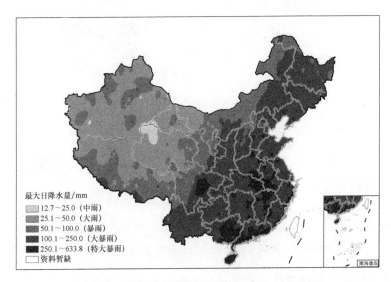

图 5.4 日最大降水量空间分布图(1981—2018 年)

从图 5.4 可知,全国各站在 1981—2018 年的 38 年中,都发生了
中等以上的降水事件,降水强度存在明显的空间差异,特大暴雨和
大暴雨集中发生在南部和东部地区,而西北地区则暴雨都少有发
生。把历史日最大降水量处于全国 823 个台站中前后数名和位于
平均值附近的台站及其年降水量极端值统计结果列于表 5.4。

表 5.4 日最大降水量位于全国台站前后数名和平均值附近的
台站及年降水量

台站名	省份	最大日降水量/mm	最大年降水量/mm	最小年降水量/mm
小灶火	青海	12.7	67.5	8.7
吐鲁番	新疆	13.6	33.4	3.8
冷湖	青海	17.3	35.8	5.2

台站名	省份	最大日降水量/mm	最大年降水量/mm	最小年降水量/mm
茫崖	青海	19.7	105.9	12.1
和田	新疆	20.6	111.9	3.4
淖毛湖	新疆	22.8	61.3	1.6
哈密	新疆	25.5	78.8	9.2
格尔木	青海	27.1	90.8	17.5
红柳河	新疆	27.4	95.3	16.9
大柴旦	青海	28.7	168.2	42.5
鄯善	新疆	28.8	76.8	12.6
福海	新疆	29.2	215.0	64.4
鼎新	甘肃	30.0	98.4	28.4
略阳	陕西	161.8	1353.3	518.1
井冈山	江西	162.0	2878.8	1144.9
武宁	江西	164.4	2224.7	1012.6
昌图	辽宁	164.9	968.7	418.3
六安	安徽	165.1	1817.4	728.0
东方	海南	423.1	1537.2	450.0
都江堰	四川	423.8	1980.4	746.6
来宾	广西	441.2	2057.3	820.3
信宜	广东	455.2	2718.5	1122.8
汕尾	广东	475.7	2953.9	1111.5
北海	广西	509.2	2728.4	1109.2
阳新	湖北	538.7	2128.3	967.7
上川岛	广东	566.3	3368.2	1448.6
阳江	广东	605.3	3611.3	1451.0
琼海	海南	614.7	2911.9	1246.1
珠海	广东	620.3	2895.0	1226.9
西沙	海南	633.8	2857.4	517.0

从表 5.4 和图 5.4 可知,全国 823 个台站中,最大日降水量从最小值 12.7 mm 到最大值 633.8 mm,相差近 50 倍。日降水量大的台站,其年降水量并不一定就大。全国日降水量最大的是海南西沙,其最大年降水量仅为 2857.4 mm,在全国列于第 26 位,比年降水量最大的广西东兴站少差不多 1000 mm。而年降水量最大广西东兴站的最大日降水量在全国却位列第 55 位。全国最大日降水量最小的青海小灶火站,其最大年降水量位列倒数第 5 位,比新疆吐鲁番站的年降水量要多一些。从全国 823 个台站最大年降水量与最大日降水量相关分析(图 5.5)可知,最大年降水量与最大日降水量具有明显的线性正相关关系,从统计角度通过显著性检验,具有统计学意义。但事实相差却较大,因此"优惠均值"检验的统计方法是不适用于天气气候等极端事件(如强降水事件)的风险分析的。

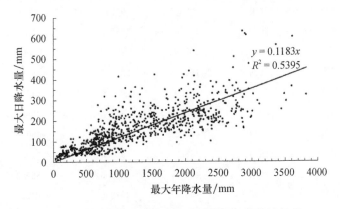

图 5.5 最大年降水量与最大日降水量间的统计关系

对照表 5.2,最大日降水量发生的年份,也很少发生在年降水量最大的年份。例如青海小灶火站 1991 年 8 月 3 日发生历史上最大的日降水量,但 1991 年的年降水量为 33.5 mm,而该站年降水量最大值 67.5 mm 发生在 2012 年。日降水量最大的时段一般发生在 5—10 月,其中 7 月占的比例相对更多一些。各站最大年降水量和最大日降水量的极值及其出现年份和日期是不同的,最大年降水量和最大日降水量具有时空变化特征。

2. 1981—2018 年的年度最大日降水量极小值

根据统计数据结果,年度最大日降水量极小值最低的只有 0.4 mm,对应新疆的淖毛湖(台站号 52112);最高值 121.7 mm,对应广西的防城(台站号 59631),全国台站平均 34.2 mm。从平均值来看,约为最大值平均 164.4 mm 的 1/5,这表明年度最大日降水量的年际变化是很大的。从表 5.2 可知,年度最大日降水量极小值发生的年份相对分散,不同年代都有发生,且在不同台站发生年份基本不同。从全国来看,最大日降水量发生年份最多的是 1984 年,其次是 1997 年。而年度最大日降水量极小值发生年份最多的 2009 年,1984 年则没有极小值出现。这说明年度最大日降水量存在明显的时间和空间差异。年度最大日降水量极小值低于 10 mm 的小雨台站有 80 多个,其中 4 个年度最大日降水量低于 1 mm 的台站分别是新疆的淖毛湖(台站号 52112,0.4 mm)、和田(台站号 51828,0.7 mm)、吐鲁番(台站号 51573,0.8 mm)和内蒙古的额济纳旗(台站号 52267,0.9 mm),年度最大日降水量不低于 100 mm 的台站有 5 个,分别是广西的防城(台站号 59631,121.7 mm)、东兴(台站号 59626,110.4 mm),广东的上川岛(台站号 59673,103.6 mm)、珠海(台站号 59488,101.7 mm)和海南的琼海(台站号 59855,113.7),具体信息见表 5.5。

表 5.5　1981—2018 年年度最大日降水量的极小值排列
前后 12 名左右的台站及降水量

台站名	省份	年度最大日降水量/mm		年降水量/mm	
		极小值	极大值	极小值	极大值
淖毛湖	新疆	0.4	22.8	1.6	61.3
和田	新疆	0.7	20.6	3.4	111.9
吐鲁番	新疆	0.8	13.6	3.8	33.4
额济纳旗	内蒙古	0.9	42.0	7.0	103.9

续表

台站名	省份	年度最大日降水量/mm		年降水量/mm	
		极小值	极大值	极小值	极大值
十三间房	新疆	1.1	42.2	4.8	99.1
小灶火	青海	1.5	12.7	8.7	67.5
麦盖提	新疆	1.6	43.4	6.9	183.9
于田	新疆	1.6	43.5	7.0	186.9
若羌	新疆	1.6	73.5	5.1	117.0
铁干里克	新疆	1.8	36.3	3.4	125.3
巴楚	新疆	1.8	39.8	8.6	149.2
冷湖	青海	2.0	17.3	5.2	35.8
琼中	海南	76.2	328.3	1412.0	3023.4
深圳	广东	76.2	344.0	1269.7	2747.0
揭西	广东	76.7	342.0	1306.2	2822.4
惠来	广东	76.9	295.4	1037.7	2762.0
东莞	广东	77.1	367.8	1219.6	2710.9
涠洲岛	广西	77.8	331.5	779.0	2404.7
屯溪	安徽	79.0	208.8	1273.7	2460.5
增城	广东	81.6	253.5	1224.9	2702.5
北海	广西	89.7	509.2	1109.2	2728.4
珠海	广东	101.7	620.3	1226.9	2895.0
上川岛	广东	103.6	566.3	1448.6	3368.2
东兴	广西	110.4	323.9	1887.8	3824.8
琼海	海南	113.7	614.7	1246.1	2911.9
防城	广西	121.7	364.6	1792.8	3604.8

从表 5.5 可知,全国台站间年度日最大降水量差别是很大的,

新疆的淖毛湖年度日最大降水量的极小值发生在 1997 年的 2 月 26
日,仅 0.4 mm,广西防城最小的年度值 121.7 mm 相当于新疆淖毛
湖的 304.25 倍,广东上川岛 2003 年 6 月 11 日日降水量 566.3 mm
则是其 1584.5 倍。此外,年降水量极值与年度日降水量极值不存
在一一对应的递增或递减的函数关系。年降水量大的台站或年份,
其年度日最大降水量不一定就大,反之亦然。同样,年度最大日降
水量的台站和年份,其年降水量也不一定就大,反之亦然。从表 5.2
还可以发现,年度日最大降水量最大(小)的年份并不是年降水量最
大(小)的年份,两者之间不是函数关系,但从降水量的统计分析则
是具有显著相关性的(图 5.6)。

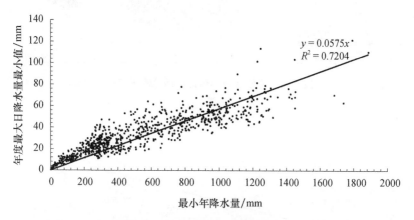

图 5.6　年降水量最小值与年度最大日降水量最小值间的统计关系

把全国 823 个台站的各站年度最大日降水量的极小值组成新
序列,绘制空间分布图,如图 5.7 所示。从图 5.7 可知,全国年度日
最大降水量的极小值从空间上呈现明显的带状分布,小雨至中雨主
要分布于西北地区,大雨到暴雨则集中分布于东部沿海和南部地
区,发生大暴雨的台站较少,特大暴雨则没有发生。

以极小值之最的台站为例,分别绘制广西防城站(台站号
59631)的年降水量与年度日最大降水量的相关关系图,如图 5.8
所示。

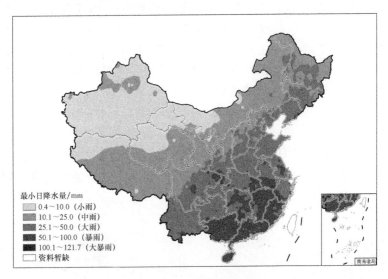

图 5.7　年度日最大降水量极小值的空间分布图(1981—2018 年)

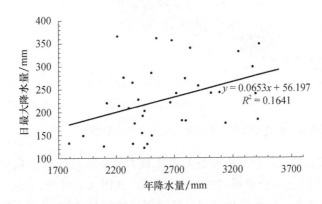

图 5.8　广西防城站年降水量与年度日最大降水量的相关关系图

　　从图 5.8 得知,两者散点图相对分散,仅具有低相关的统计相关关系。与图 5.6 的多站极值间的显著统计相关关系相比,其统计相关性更差。

3. 年度最大日降水量的变幅

全国 823 个台站 1981—2018 年各站年度日最大降水量的变幅在 11.2～576.9 mm 变化,平均 130.1 mm。变幅最大的是海南的西沙站为 576.9 mm,最小的是青海的小灶火站 11.2 mm。绘制全国各站 1981—2018 年年度日最大降水量变幅于图 5.9。

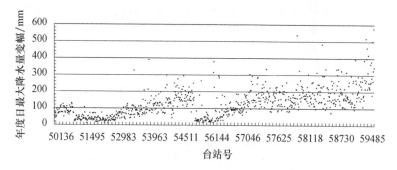

图 5.9　全国各站年度日最大降水量变幅的台站间差异
空间分布(1981—2018 年)

从图 5.9 可知,绝大多数台站(684 个,占总台站数的 83.1%)变幅在 200 mm 以下,200～300 mm 的大约 100 个台站,300～400 mm 的 20 多个,400～500 mm 的只有 4 个,500 mm 以上的只有 4 个。变幅在 150 mm 及其以下的有 151 个台站,占总数的 18.3%,其中年度最大日降水量变幅在 20 mm 以下和 400 mm 以上的台站都是 8 个,详细信息列于表 5.6。

表 5.6　年度最大日降水量变幅在全国台站中排列前后 8 位的信息

台站名	省份	年降水量/mm			年度最大日降水量/mm		
		极大值	极小值	变幅	极大值	极小值	变幅
小灶火	青海	67.5	8.7	58.8	12.7	1.5	11.2
吐鲁番	新疆	33.4	3.8	29.6	13.6	0.8	12.8
冷湖	青海	35.8	5.2	30.6	17.3	2.0	15.3

台站名	省份	年降水量/mm			年度最大日降水量/mm		
		极大值	极小值	变幅	极大值	极小值	变幅
松潘	四川	904.3	560.5	343.8	39.7	22.8	16.9
茫崖	青海	105.9	12.1	93.8	19.7	2.3	17.4
杂多	青海	700.8	411.7	289.1	32.8	15.1	17.7
小金	四川	805.2	477.4	327.8	41.1	22.0	19.1
和田	新疆	111.9	3.4	108.5	20.6	0.7	19.9
汕尾	广东	2953.9	1111.5	1842.4	475.7	75.4	400.3
北海	广西	2728.4	1109.2	1619.2	509.2	89.7	419.5
上川岛	广东	3368.2	1448.6	1919.6	566.3	103.6	462.7
阳新	湖北	2128.3	967.7	1160.6	538.7	55.1	483.6
琼海	海南	2911.9	1246.1	1665.8	614.7	113.7	501.0
珠海	广东	2895.0	1226.9	1668.1	620.3	101.7	518.6
阳江	广东	3611.3	1451.0	2160.3	605.3	68.2	537.1
西沙	海南	2857.4	517.0	2340.4	633.8	56.9	576.9

　　绘制 1981—2018 年各台站的年度最大日降水量变幅的空间分布图,如图 5.10 所示。从图 5.10 可知,年度最大日降水量变幅具有由东南向西北递减的整体趋势,成片区域中也有零星散点分布。

　　统计对比分析各台站年度最大日降水量变幅与年降水量变幅的统计相关关系(图 5.11)发现:两者之间具有明显的线性正统计相关关系。虽然从统计检验来看,两者相关,但年度最大日降水量变幅较大的台站,年降水量变幅并不一定就大。提取年降水量变幅在 2000 mm 以上的 6 个台站——海南的西沙站(台站号 59981,2340.4 mm)、广东的佛冈站(台站号 59087,2335.7 mm)、广西的雁山站(台站号 57958,2171.7 mm)、广东的英德站(台站号 59088,2164.6 mm)、广东的阳江站(台站号 59663,2160.3 mm)和福建的仙游站(台站号 58936,2012.8 mm),不难发现其对应的年度最大日降水量变幅分别为 576.9 mm、236.6 mm、218.3 mm、187.0 mm、537.1 mm 和 163.6 mm。这 6 个台站,年降水量的变幅相差不大,

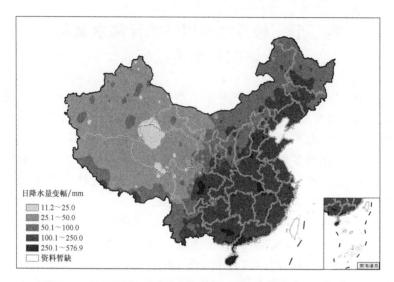

图 5.10　年度最大日降水量变幅的空间分布(1981—2018 年)

但年度最大日降水量变幅相差却很大。这再次表明,不能用常规的统计检验方法来分析和预测气象极端数据信息。

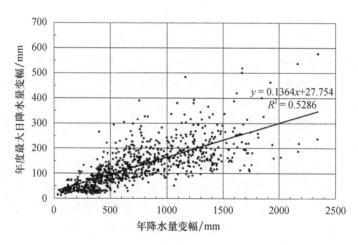

图 5.11　年度最大日降水量变幅与年降水量变幅相关分析图

第二节　极端降水事件的年降水量和
雨日降水量指标

　　通过以上降水数据的统计分析得知,降水的地区差异很大,用统一的日降水量≥50.0 mm 称为暴雨,作为极端降水事件是不准确的。事实上,有些干旱地区的日降水量几毫米就是极端强降水事件,而有些湿润多雨地区则日降水量 50.0 mm 以上的天数却很常见。因此,如何确定或定义极端降水事件是要因地区的差异而定的,这样才具有实际意义和应用指导价值。

　　世界气象组织(WMO)规定 30 年以上一遇的气候事件,即气候变量值超出一定历史时期的累年极值,为异常气候事件。多数学者利用全球和区域空间尺度和几十年、百年时间尺度的气候记录资料,采用时间序列和概率统计方法来定义极端与异常气候事件和研究气候极端与异常事件。国内外的研究在确定极端气候事件的阈值时,为便于不同地区间进行比较,多采用某个百分位值作为极端值的阈值,超过这个阈值的事件就认为是极端事件。一般阈值分为绝对阈值和百分比阈值两种。绝对阈值是指选取某一固定值作为极端事件中极值的阈值;百分比阈值方法则是从概率统计的角度,以累积频率或保证率来确定阈值和定义极端事件。从降水量而论,按统计学上的概率来划分极端指标,则可以按年度或时段的阶段降水量和日降水量对应不同保证率的阈值指标,并根据极端事件、小概率事件和极小概率事件——保证率90%、95%和99%对应的年降水量和日降水量指标绘制空间分布图。

　　按百分比求取相对阈值的方法,求取年降水量和雨日降水量相应保证率的阈值。这里分别对全国 823 个台站 1981—2018 年的年降水量和年度最大日降水量进行统计,分别按不同概率求取指标阈值,并绘制相应的不同极端程度和极端等级的降水量指标空间分布图。同时,把各站历年的雨日降水量进行排序,按不同保证率求取各年度的相应强降水事件(保证率 90%、95%和99%)阈值指标,然后把各年度的阈值指标进行排序,再按相应强降水事件(保证率90％、95％和99％)和少雨事件(保证率10％、5％和1％)求取相应强度日降水量指标。

一、极端事件——保证率90％对应的指标

1. 年降水量的极端事件指标

全国823个台站年降水量对应90％保证率的极端多雨年的年降水量指标在24.6～3420.2 mm变化,最大值(3420.2 mm,广西东兴站59626)是最小值(24.6 mm,青海冷湖站52602)的139倍;对应90％保证率的极端少雨年的年降水量指标在7.0～2182.6 mm变化,最大值(2182.6 mm,广西防城站59631)是最小值(7.0 mm,新疆吐鲁番站51573)的311.8倍。根据年降水量评判某年份是多雨还是少雨,不同台站之间的差别很大。就全国平均情况而言,年降水量大于1090.6 mm为多雨年,小于665.1 mm为少雨年。但相对年降水量较大的东南沿海的南方多个省份来说,年降水量大于1600 mm才算是多雨年(图5.12),而这些地区年降水量1090.6～1600.0 mm则不属于多雨年。气候指标是具有区域性的,不同地区指标不同。中国幅员辽阔,气候差异明显,指标差别也就很大。

从图5.12可知,从全国整体来看,年降水量极端多雨指标(保证率90％对应阈值)具有明显的从东南向西北递减的趋势(新疆除外),总趋势中也存在成片中零星散点分布,这些散点与地形地势有关。北方地区,极端多雨事件的年降水量都小于800 mm,该地区占全国总面积的绝大部分;而南方地区,极端多雨事件的年降水量都大于800 mm,有些则在1000 mm以上,有些地区年降水量在2000 mm甚至3000 mm以上才算多雨年。

结合图5.12和图5.13可知,有些台站极端多雨事件的年降水量指标大于3000 mm——广西东兴(台站号59626,3420.2 mm)、广西防城(台站号59631,3377.8 mm)和广东阳江(台站号59663,3072 mm),而这3个台站极端少雨年的年降水量指标相应为——广

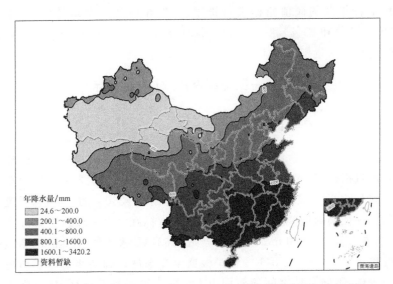

图 5.12 年降水量极端多雨事件(概率 90%)的降水量指标空间分布

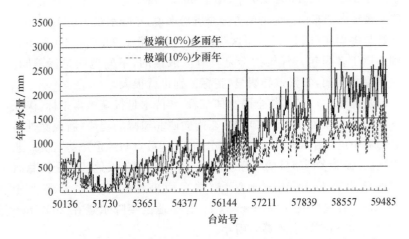

图 5.13 极端多雨和少雨事件年降水量阈值的空间分布(1981—2018 年)

西东兴(台站号 59626,2066.3 mm)、广西防城(台站号 59631,2182.6 mm)和广东阳江(台站号 59663,1670.5 mm),这些地区年降

水量在 1600 mm 的年份属于少雨年;而新疆吐鲁番(台站号 51573,
26.8 mm)和青海冷湖(台站号 52602,24.6 mm)的极端多雨年事件
的年降水量却只有 20～30 mm,以上 3 个台站的少雨年比这两个台
站的多雨年指标还要高近百倍。从图 5.13 不难发现,极端少雨年
指标高于极端多雨年的台站在全国来说有很多,主要是我国降水
量具有明显的地区差异,特别是南北之分,这里不一一列举,读者
可以通过图 5.12 和图 5.13 进行比较和查询相关台站的极端
指标。

把各站历年的年度最大日降水量进行排序,并求取保证率 90%
的上限阈值指标,绘制年度最大日降水量极端强降水事件(概率
90%)的日降水量指标空间分布图(图 5.14)。

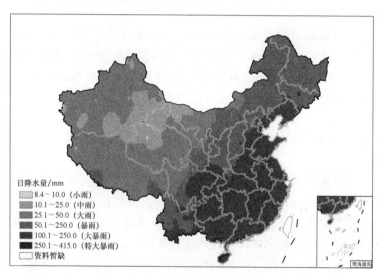

图 5.14　年度最大日降水量极端强降水事件(概率 90%)的
日降水量指标空间分布

从图 5.14 可知,不同地区指标差异很大。有些地区日降水量
为小雨、中雨、大雨就分别属于极端强降水事件,而有些地区则要求
年度最大日降水量在暴雨、大暴雨和特大暴雨以上的降水强度才属

于强降水极端事件。

2. 日降水量的极端强水事件指标

把各站历年雨日的降水量按从小到大顺序排列,测算保证率
≤90％的雨日降水量上限阈值为历年的极端强降水事件指标,然后
把这个历年指标组成一个新序列,并对新序列从小到大排序,求取
保证率≤90％保证率的上限阈值,得到该站的极端强降水事件气候
指标。这个指标阈值也可以通过对历年雨日降水量按从大到小排
序,测算保证率≥10％的下限阈值,然后按历年指标组成的新序列,
求算保证率≥10％的下限阈值,得到该站的极端强降水事件气候指
标。日降水量序列从大到小和从小到大排序的两种方法得到的阈
值指标结果相同。

也可以采用把各站历年雨日的降水量按从小到大顺序排列,
测算保证率≤90％的雨日降水量上限阈值为历年的极端强降水事
件指标,然后统计历年指标的多年平均值为该站的极端强降水事
件气候指标。还可以考虑采用把多年的雨日降水量统一排序,按
从小到大顺序直接求取保证率≤90％的上限阈值和按从大到小序
列对应的保证率≥10％的下限阈值作为暴雨(极端强降水事件)
指标。

本专著采用的是以上第一种方法,而没有采用历年阈值求多年
平均值的方法,如果指标统计方法不同,数值会有差异。因此,读者
一定要了解指标计算方法,如果有兴趣,可以对比分析以上 3 种方
法统计得到的极端事件指标阈值差异及其时空变化。

全国 823 个台站,雨日强降水事件的指标差异很大,新疆吐鲁
番站(台站号 51573)在日降水量≥4.3 mm 即为强降水事件,是全国
指标阈值最小的台站,而广东汕尾站(台站号 59501)的指标则为
54.6 mm,是全国阈值指标最大的。最大阈值约为最小阈值的 12.7
倍,也就是说最大指标比最小指标要大 10 倍多。全国平均阈值为
日降水量 23.6 mm,416 个台站高于平均值,高于平均值的台站强降
水事件的日降水量阈值平均值为 30.04 mm,407 个台站低于平均

值,低于平均值的台站强降水事件的日降水量阈值平均值为
14.8 mm。绘制全国 823 个台站的极端强降水事件的日降水量阈值
下限指标,如图 5.15 所示。

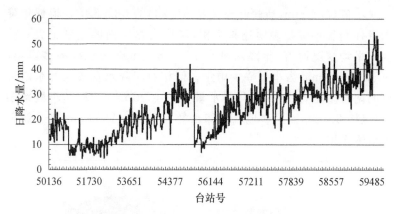

图 5.15　极端强降水事件的日降水量阈值下限指标的空间分布

由图 5.15 可知,从全国来看,不同台站的极端强降水事件日降
水量可能是小雨、中雨、大雨和暴雨不同等级。以日降水量≤10 mm
为强降水的台站比以日降水量≥40 mm(包括≥50 mm)为强降水事
件的台站要多。以日降水量≥50 mm 为强降水量事件的台站只有
分布在广东和海南的 5 个:广东的汕尾站(台站号 59501,
54.6 mm)、上川岛站(台站号 59626,53.2 mm)、清远站(台站号
59663,53.2 mm)、惠来站(台站号 59317,51.6 mm)和海南的琼中站
(台站号 59673,51.8 mm)。

二、小概率事件——保证率 95％对应的指标

1. 年降水量的小概率事件指标

全国 823 个台站年降水量对应 95％保证率的小概率事件——
极端多雨年的年降水量指标在 30.3～3681.8 mm 变化,年降水量
气候指标的区域差异很大。最大值(3681.8 mm,广西东兴站

59626)是最小值(30.3 mm,新疆吐鲁番站 51573)的 121.5 倍;对应 95%保证率的小概率事件——极端少雨年的年降水量指标在 5.4~2066.0 mm 变化,最大值(2066.0 mm,广西防城站 59631)是最小值(5.4 mm,新疆吐鲁番站 51573)的 382.6 倍。根据年降水量评判某年份是多雨还是少雨,不同台站之间的差别很大。就全国平均情况而言,年降水量大于 1156.8 mm 为小概率多雨年,小于 621.1 mm 为小概率少雨年。但相对年降水量较大的东南沿海的南方多个省份来说,年降水量大于 1600 mm 才算是小概率多雨年(图 5.16),而这些地区年降水量 1156.8~1600 mm 则不属于小概率多雨年。

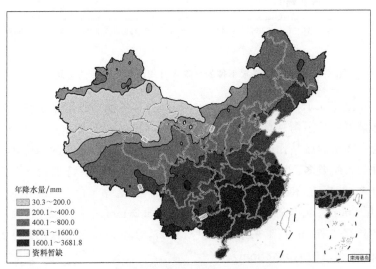

年降水量/mm
30.3~200.0
200.1~400.0
400.1~800.0
800.1~1600.0
1600.1~3681.8
资料暂缺

图 5.16　小概率事件(保证率 95%)的年降水量指标空间分布

由图 5.16 可知,从全国整体来看,小概率多雨事件的年降水量指标(保证率 95%对应阈值)具有明显的从东南向西北递减的趋势(新疆除外),总趋势中也存在成片中零星散点分布,这些散点与地形地势有关。北方地区,极端多雨小概率事件的年降水量小于 400 mm 的面积很大,约为全国面积的 1/3;而南方地区,极端多雨事件的年降水量指标都大于 800 mm,有些则在 1600 mm 以上,有些地区的指标阈值达到年降水量在 2000 mm 甚至 3000 mm 以上。同时绘制 1981—2018 年全国年小概率极端多雨和少雨事件降水量阈值的空间分布图,如图 5.17 所示。

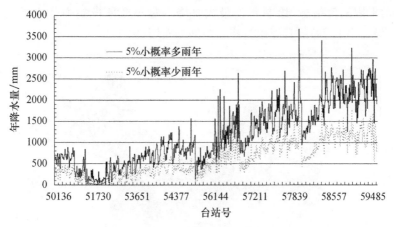

图 5.17　全国小概率极端多雨和少雨事件年降水量阈值的
空间分布(1981—2018 年)

结合图 5.16 和图 5.17 可知,有 4 个台站的极端小概率多雨事件的年降水量指标大于 3000 mm——广西东兴(台站号 59626, 3681.8 mm)、广西防城(台站号 59631,3417.4 mm)、广东阳江(台站号 59663,3100.8 mm)和安徽黄山(台站号 58437,3229.8 mm),而这 4 个台站的极端小概率少雨年的年降水量指标相应为——广西东兴(台站号 59626, 1957.2 mm)、广西防城(台站号 59631, 2066.0 mm)、广东阳江(台站号 59663,1587.7 mm)和安徽黄山(台站号 58437,1752.6 mm),对这些地区年降水量在 1587 mm 的年份属于小概率少雨年;而新疆吐鲁番(台站号 51573,30.3 mm)和青海冷湖(台站号 52602,30.9 mm)的极端小概率多雨年事件的年降水量仅 30 mm,以上 4 个台站的少雨年比这两个台站的小概率多雨年指标还要高几十倍。从图 5.17 不难发现,极端小概率少雨年高于极端小概率多雨年指标的台站在全国来说有很多,主要是我国降水量地区差异明显,特别是南北相差悬殊。读者可以通过图 5.16 和图 5.17 进行比较和查询相关台站的小概率事件的极端年降水量指标。

把各站历年的年度最大日降水量进行排序,并求取保证率 95％的上限阈值指标,绘制年度最大日降水量小概率极端强降水事件(保证率 95％)的日降水量指标空间分布图(图 5.18)。

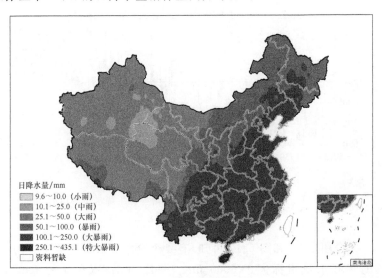

图 5.18　年度最大日降水量小概率极端强降水事件(保证率 95％)的
日降水量指标空间分布

从图 5.18 可知,不同地区指标差异很大。有些地区日降水量为小雨、中雨、大雨就分别属于极端强降水的小概率事件,而有些地区则要求年度最大日降水量在暴雨、大暴雨和特大暴雨以上的降水强度才属于极端强降水的小概率事件。

2. 日降水量小概率事件的极端强降水指标

把各站历年雨日的降水量按从小到大顺序排列,测算保证率 ≤95％的雨日降水量上限阈值为历年的极端强降水事件指标,然后把这个历年指标组成一个新序列,并对新序列从小到大排序,求取保证率≤95%的上限阈值,得到该站的极端强降水事件气候指标。这个指标阈值也可以通过对历年雨日降水量按从大到小排序,测算保证率≥5%的下限阈值,然后按历年指标组成的新序列,求算保证率≥5%的下限阈值,得该站的极端强降水事件气候指标。日降水量序列从大到小和从小到大排序的两种方法得到的阈值指标结果相同。

也可以采用把各站历年雨日的降水量按从小到大顺序排列,测算保证率≤95%的雨日降水量上限阈值为历年的极端强降水事件指标,然后统计历年指标的多年平均值为该站的极端强降水事件气候指标。还可以考虑采用把多年的雨日降水量统一排序,按从小到大顺序直接求取保证率≤95%的上限阈值和按从大到小序列对应的保证率≥5%的下限阈值作为暴雨(极端强降水事件)指标。

本专著采用的是以上第一种方法,而没有采用历年阈值求多年平均值的方法,如果指标统计方法不同,数值会有差异。因此,读者一定要了解指标计算方法,如果有兴趣,可以对比分析以上3种方法统计得到的极端事件指标阈值差异及其时空变化。

全国823个台站,雨日小概率强降水事件的指标差异很大,青海省的小灶火站(台站号52707)在日降水量≥6.5 mm即为小概率强降水事件,是全国指标阈值最小的台站,而海南省的琼中站(台站号59673)的指标则为105 mm,是全国阈值指标最大的。最大阈值约为最小阈值的16.2倍,也就是说最大指标比最小指标要大15倍多。全国平均阈值为日降水量38.9 mm,全国823个台站中阈值指标≤10 mm的有12个:分布在新疆和青海两个省份,其中新疆8个台站,分别是布尔津(台站号51060,8.9 mm)、福海(台站号51068,8.7 mm)、阿拉山口(台站号51232,8.9 mm)、克拉玛依(台站号51243,9.9 mm)、精河(台站号51334,9 mm)、吐鲁番(台站号51573,9.4 mm)、鄯善(台站号51581,9.8 mm)和红柳河(台站号52313,10.0 mm);青海4个台站,分别是茫崖(台站号51886,9.5 mm)、冷湖(台站号52602,8.0 mm)、小灶火(台站号52707,6.5 mm)和格尔木(台站号

52818,8.0 mm)。阈值≥50 mm 的台站有 234 个,远比 90%概率测算阈值指标≥50 mm 的 5 个台站多得多。这些阈值比国家暴雨指标都要高的台站主要分布在我国东北、华北、华中和华南地区。

绘制全国 823 个台站的极端强降水事件的日降水量阈值下限指标,如图 5.19 所示。

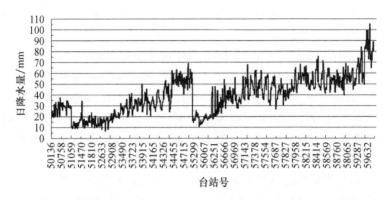

图 5.19　小概率极端强降水事件的日降水量阈值下限指标的空间分布

从图 5.19 可知,从全国来看,不同台站的小概率极端强降水事件日降水量可能是小雨、中雨、大雨、暴雨和大暴雨不同等级的降水强度。以日降水量≤50 mm 为小概率强降水指标的台站比以日降水量≥50 mm 的台站要多。与保证率 90%为降水强度的指标相比要大一些,且以日降水量≥50 mm 为小概率强降水量事件的台站明显比 90%概率测算的强降水指标台站要多很多。也出现了比中国气象局规定的大暴雨指标还要高的指标台站,这是海南省的琼中站,日降水指标阈值为 105 mm。也就是说,以 95%保证率为基准,海南省琼中站的日降水量在 105 mm 以上才统计为小概率强降水事件。

三、极小概率事件——保证率 99%对应的指标

1. 年降水量的小概率事件指标

全国 823 个台站年降水量对应 99%保证率的极小概率事

件——极端多雨年的年降水量指标在 32.5～3773.9 mm 变化,年降
水量气候指标的区域差异很大。最大值(3773.9 mm,广西东兴站
59626)是最小值(32.5 mm,新疆吐鲁番站 51573)的 116.1 倍;对
应 99% 保证率的极小概率事件——极端少雨年的年降水量指标
在 2.5～1897.5 mm 变化,最大值(1897.5 mm,广西东兴站 59626)
是最小值(2.5 mm,新疆淖毛湖站 52112)的 759 倍。根据年降水量
评判某年份是多雨还是少雨,不同台站之间的差别很大。就全国平
均情况而言,年降水量大于 1259.6 mm 为小概率多雨年,低于
561.9 mm 为小概率少雨年。但相对年降水量较大东南沿海的南方
多个省份来说,年降水量大于 1600.0 mm 才算是极小概率多雨年
(图 5.20),而这些地区年降水量 1259.6～1600.0 mm 则不属于小
概率多雨年。

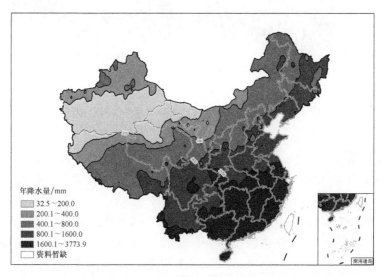

图 5.20 极小概率事件(保证率 99%)的年降水量指标空间分布

从图 5.20 可知,从全国整体来看,极小概率多雨事件的年降水
量指标(保证率 99% 对应阈值)具有明显的从东南向西北递减的
趋势(新疆除外),总趋势中也存在成片中零星散点分布。全国有

一半地区，极小概率多雨事件的年降水量小于 800 mm，集中在北方地区；而南方地区，极小概率多雨事件的年降水量指标都大于 800 mm，有些则在 1600 mm 以上，有些地区的指标阈值达到年降水量 2000 mm 甚至 3000 mm 以上。同时绘制 1981—2018 年全国年降水量极小概率多雨和少雨事件的空间分布图，如图 5.21 所示。

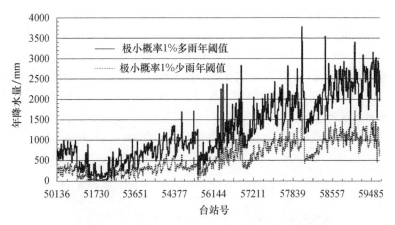

图 5.21　极小概率多雨和少雨事件年降水量阈值的
空间分布(1981—2018 年)

结合图 5.20 和图 5.21 可知，有 8 个台站的极端小概率多雨事件的年降水量指标大于 3000 mm——广西东兴（台站号 59626，3773.9 mm）、广西防城（台站号 59631，3538.2 mm）、广东阳江（台站号 59663，3419.8 mm）、安徽黄山（台站号 58437，3399.2 mm）、广东佛冈（台站号 59087，3326.3 mm）、广东英德（台站号 59088，3084 mm）、广东上川岛（台站号 59673，3150.4 mm）和海南琼中（台站号 59849，3013.4 mm），而这 8 个台站的极小概率少雨年的年降水量指标相应为——广西东兴（台站号 59626，1897.5 mm）、广西防城（台站号 59631，1837.3 mm）、广东阳江（台站号 59663，1451.6 mm）、安徽黄山（台站号 58437，1710.4）、广东佛冈（台站号 59087，1235 mm）、广东英德（台站号 59088，1324.4 mm）、

广东上川岛(台站号 59673,1472.9 mm)和海南琼中(台站号 59849,
1423.7 mm),对这些地区年降水量≤1200 mm 的年份属于小概率
少雨年;而新疆吐鲁番(台站号 51573,32.5 mm)、且末(台站号
51855,51.2 mm)、淖毛湖(台站号 52112,55 mm)和青海冷湖(台站
号 52602,35.6 mm)的极小概率多雨年事件的年降水量则在 30~55
mm,以上 8 个台站的少雨年比这 4 个台站的极小概率多雨年指标
还要高几十倍。从图 5.21 不难发现,极小概率少雨年指标高于极
小概率多雨年的台站在全国来说有很多,因为我国降水量地区差异
大,特别是南北相差悬殊。

把各站历年的年度最大日降水量进行排序,并求取保证率 99%
的上限阈值指标,绘制年度最大日降水量小概率极端强降水事件
(保证率 99%)的日降水量指标空间分布图(图 5.22)。

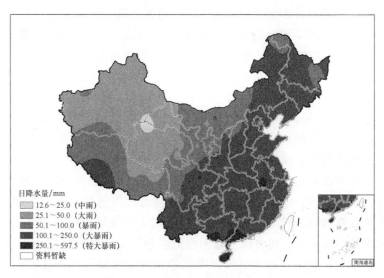

日降水量/mm
- ▨ 12.6~25.0 (中雨)
- ▨ 25.1~50.0 (大雨)
- ▨ 50.1~100.0 (暴雨)
- ▨ 100.1~250.0 (大暴雨)
- ■ 250.1~597.5 (特大暴雨)
- □ 资料暂缺

图 5.22　年度最大日降水量极小概率强降水事件(保证率 99%)的
日降水量指标空间分布

从图 5.22 可知,全国年度最大日降水量极小概率强降水事件
(保证率 99%)的日降水量阈值范围为 12.6~597.5 mm。以国家

气象局的降水强度等级划分,极小概率强降水事件的指标遍及中雨、大雨、暴雨、大暴雨和特大暴雨等级。不同地区差异很大,新疆和青海的有些地区,对应国家标准的中雨等级降水强度(日降水量≥25 mm)即属于该地区的极小概率强降水事件,而广东、广西和海南有些地区的极小概率强降水事件的降水强度指标达到国家标准的特大暴雨等级(日降水量≥250 mm)。年度最大日降水量极小概率强降水事件(保证率99%)的日降水量最大值和最小值分别对应着广东的珠海(台站号59488,597.5 mm)和青海的小灶火(台站号52707,12.6 mm)。

2. 日降水量极小概率事件的强降水指标

把各站历年雨日的降水量按从小到大顺序排列,测算保证率≤99%的雨日降水量上限阈值为历年的极小概率强降水事件指标,然后把这个历年指标组成一个新序列,并对新序列从小到大排序,求取保证率≤99%保证率的上限阈值,得到该站的极小概率强降水事件气候指标。这个指标阈值也可以通过对历年雨日降水量按从大到小排序,测算保证率≥1%的下限阈值,然后按历年指标组成的新序列,求算保证率≥1%保证率的下限阈值,得到该站的极小概率强降水事件气候指标。日降水量序列从大到小和从小到大排序的两种方法得到的阈值指标结果相同。

也可以采用把各站历年雨日的降水量按从小到大顺序排列,测算保证率≤99%的雨日降水量上限阈值为历年的极小概率强降水事件指标,然后统计历年指标的多年平均值为该站的极小概率强降水事件气候指标。还可以考虑采用把多年的雨日降水量统一排序,按从小到大顺序直接求取保证率≤99%的上限阈值和按从大到小序列对应的保证率≥1%的下限阈值作为极小概率强降水事件指标。

本专著采用的是以上第一种方法,而没有采用历年阈值求多年平均值的方法,如果指标统计方法不同,数值会有差异。因此,读者一定要了解指标计算方法,如果有兴趣,可以对比分析以上3

种方法统计得到的极小概率强降水事件指标阈值差异及其时空变化。

全国 823 个台站，雨日极小概率强降水事件的指标差异很大，青海省的小灶火站（台站号 52707）日降水量≥6.5 mm 即为极小概率强降水事件，是全国指标阈值最小的台站，而海南省的琼中站（台站号 59673）的指标则为 105 mm，是全国阈值指标最大的。最大阈值约为最小阈值的 16.2 倍，也就是说最大指标比最小指标要大 15 倍多。全国平均阈值为日降水量 38.9 mm，全国 823 个台站中阈值指标≤10 mm 的有 12 个：分布在新疆和青海两个省份，其中新疆 8 个台站，分别是布尔津（台站号 51060，8.9 mm）、福海（台站号 51068，8.7 mm）、阿拉山口（台站号 51232，8.9 mm）、克拉玛依（台站号 51243，9.9 mm）、精河（台站号 51334，9.0 mm）、吐鲁番（台站号 51573，9.4 mm）、鄯善（台站号 51581，9.8 mm）和红柳河（台站号 52313，10.0 mm）；青海 4 个，分别是茫崖（台站号 51886，9.5 mm）、冷湖（台站号 52602，8.0 mm）、小灶火（台站号 52707，6.5 mm）和格尔木（台站号 52818，8.0 mm）。阈值≥50 mm 的台站有 234 个，远比 90％概率测算阈值指标≥50 mm 的 5 个台站多得多。这些阈值比国家暴雨指标都要高的台站主要分布在我国东北、华北、华中和华南地区。

绘制全国 823 个台站的极小概率强降水事件的日降水量阈值下限指标，如图 5.23 所示。

从图 5.23 可知，从全国来看，不同台站的极小概率强降水事件日降水量可能是中雨、大雨、暴雨、大暴雨和特大暴雨不同等级的降水强度。以日降水量≥50 mm 为极小概率强降水指标的台站比以日降水量≤50 mm 的台站要多。相同台站，与保证率 95％为降水强度的指标相比要大很多。阈值指标中，日降水量≥250 mm 的台站有 3 个，这个阈值比中国气象局规定的特大暴雨指标（≥200 mm）还要高出一个暴雨（≥50 mm）量级。这 3 个台站分别是海南省的东方站（台站号 59838，303.2 mm）、琼中站（台站号 59673，275.1 mm）和广东省的清远站（台站号 59663，273.3 mm）。此外，还有 2 个台站

阈值接近 250 mm,它们是广西的雁山站(台站号 59631,249.1 mm)
和海南省的西沙站(台站号 59981,247 mm)。

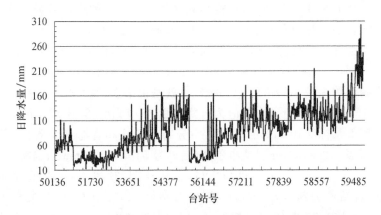

图 5.23 极小概率强降水事件的日降水量阈值下限指标的空间分布

第三节 保证率 50%的年降水量和雨日降水量阈值指标

多年降水量的平均值与降水量 50%保证率的阈值是不同的,保证率则是通过对降水量大小排序后的序位数统计得到的,而多年平均值仅仅是对历年降水量求取算术平均值,这个平均值与降水量在序位上的分布没有关系。请读者注意,这里统计的是 50%保证率对应的阈值,而不是多年平均值。下面对年降水量和雨日降水量的空间分布结果进行分析,并列举部分台站进行较详细的论述。

一、年降水量 50%保证率的阈值分布

统计全国 823 个台站 1981—2018 年的年降水量,并把各站年降水量 50%保证率的阈值空间分布绘制 GIS 图,如图 5.24 所示,年降水量等值线按干、湿、半干半湿气候等级划分。

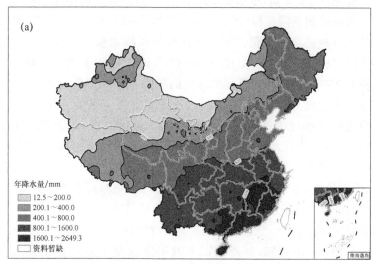

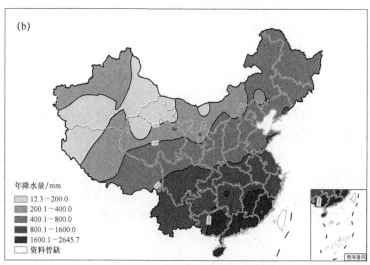

图 5.24 50%保证率的年降水量指标空间分布

(a)下限,即≥阈值;(b)上限,即≤阈值

从图 5.24 可知,全国 823 个台站 50％保证率的年降水量大于等于某阈值的下限指标(图 5.24a)从 12.5～2649.3 mm 不等,最大与最小值相差 200 多倍。50％保证率的年降水量小于等于某阈值的上限指标(图 5.24b)从 12.3～2645.7 mm 不等,最大值与最小值也相差 200 多倍。50％保证率对应的年降水量上下限阈值不相等,而且下限值比上限值要大一点点,这是因为降水量是不连续的,而阈值指标是通过内插统计测算得到的。相比而言,对于同一个台站,两者相差并不大,有时为了方便使用或要求精度不高时,用其中任何一个或取上下限阈值的算术平均值也是可以的。在空间分布上,除新疆外,呈现出由东南沿海向西北内陆递减的总趋势,年降水量的高低具有明显的区域成片性;新疆地区具有明显的南北之分,北疆相对比南疆要高。气候指标是具有区域性的,不同地区指标不同。

从图 5.24a 可知:50％保证率的年降水量下限指标的最大值(2649.3 mm,广西东兴站 59626)比最小值(12.5 mm,新疆吐鲁番 51573)大 210 多倍。指标阈值的含义可以这样来理解或描述,例如以 12.5 mm 和 2649.3 mm 对应台站是新疆的吐鲁番(台站号 51573)和广西的东兴(台站号 59626)为例,即统计结果表明:新疆的吐鲁番 50％保证率的年降水量为≥12.5 mm,广西的东兴年降水量 50％保证率为≥2649.3 mm。就全国平均情况而言,50％保证率的年降水量阈值为≥858.5 mm。823 个台站中,有 355 个(占总台站数的 43.1％)指标在平均值以上,56.9％的台站年降水量指标都要比平均值低。下限指标的最大值(2645.7 mm,广西东兴 59626)比最小值(12.3 mm,新疆吐鲁番 51573)也同样大 210 多倍。统计结果表明:新疆的吐鲁番 50％保证率的年降水量为≤12.3 mm,广西的东兴年降水量 50％保证率为≤2645.7 mm。就全国平均情况而言,50％保证率的年降水量阈值为≥846.4 mm。823 个台站中,有 355 个(占总台站数的 43.1％)指标在平均值以上,56.9％的台站年降水量指标都要比平均值低。从以上对比结果可知,对应上下限阈值高与低的台站是一致的。这样,把指标阈值相对高或低(即按指标在全国排序),把最前面和最后面的 21 个台站列于表 5.7。

表 5.7　年降水量 50％保证率阈值位于全国台站前后 21 位的

台站及指标信息

台站名	省份	上限/mm	下限/mm	台站名	省份	上限/mm	下限/mm
吐鲁番	新疆	12.3	12.5	台山	广东	1941.3	1977.3
冷湖	青海	14.7	16.3	河源	广东	1953.6	1954.5
淖毛湖	新疆	19.8	20.6	庐山	江西	1962.2	1973.6
鄯善	新疆	23.5	24.2	儋州	海南	1964.2	1983.9
且末	新疆	23.7	26.2	武夷山	福建	1972.2	1997.7
十三间房	新疆	25.0	26.2	琼海	海南	1992.2	2048.9
小灶火	青海	28.0	28.9	南岳	湖南	1995.7	2008.5
铁干里克	新疆	28.5	28.9	珠海	广东	1996.3	2133.6
若羌	新疆	29.4	29.7	寿宁	福建	2003.2	2015.6
额济纳旗	内蒙古	30.8	31.0	清远	广东	2003.7	2015.3
和田	新疆	36.5	36.6	揭西	广东	2010.6	2031.7
敦煌	甘肃	38.3	40.1	增城	广东	2012.1	2047.1
尉犁	新疆	38.6	47.3	宁德	福建	2022.0	2022.8
民丰	新疆	40.0	43.7	佛冈	广东	2152.6	2223.9
拐子湖	内蒙古	40.1	40.9	江城	云南	2210.1	2215.0
哈密	新疆	42.1	42.4	钦州	广西	2242.6	2305.3
格尔木	青海	44.2	44.9	上川岛	广东	2258.6	2318.1
红柳河	新疆	45.2	48.5	黄山	安徽	2336.2	2339.6
诺木洪	青海	45.6	46.2	阳江	广东	2394.0	2464.6
茫崖	青海	46.3	47.2	琼中	海南	2458.5	2474.0
瓜州	甘肃	48.1	48.9	东兴	广西	2645.7	2649.3

如果取上下限阈值的平均值作为各站的 50％保证率年降水量

指标,统计发现:指标≥1600 mm 的台站有 94 个,主要分布在广东、海南、广西、福建、浙江、四川、云南和安徽等地,其中≥2000 mm 的台站有 17 个,分别是广东的阳江、佛冈、增城、揭西、珠海、上川岛和清远,海南的琼中和琼海,广西的东兴、防城和钦州,福建的寿宁和宁德,湖南的南岳,云南的江城,安徽的黄山。≤200 mm 的台站有 85 个,主要分布在新疆、内蒙古、甘肃、青海、宁夏和西藏,其中≤50 mm 的台站有 21 个。

对 823 个台站求取平均值为 852.4 mm,50% 保证率的年降水量指标在平均值附近的台站及其相应的指标阈值如表 5.8 所示。

表 5.8　年降水量指标在平均值附近的台站及其信息

省份	台站名	年降水量上限/mm	年降水量下限/mm	平均值/mm
云南	蒙自	836.9	842.2	839.6
云南	泸西	849.8	864.7	857.3
吉林	通化	832.1	837.7	834.9
四川	攀枝花	824.6	836.3	830.5
四川	木里	832.3	839.5	835.9
四川	雷波	840.2	842.3	841.3
安徽	宿州	825.0	859.4	842.2
江苏	灌云	844.5	844.8	844.7
江苏	睢宁	850.3	858.0	854.2
湖北	襄阳	829.7	834.4	832.1
湖北	枣阳	828.4	846.6	837.5
西藏	波密	855.9	862.5	859.2
贵州	威宁	843.4	865.6	854.5
贵州	毕节	853.8	858.3	856.1

二、雨日降水量 50％保证率的阈值分布

统计全国 823 个台站 1981—2018 年的雨日降水量,并把各站历年雨日降水量 50％保证率的阈值空间分布绘制 GIS 图,如图 5.25 所示,日降水量等值线按中国气象局的降水强度等级——小雨、中雨、大雨、暴雨和大暴雨的划分标准。

从图 5.25 可知,全国 823 个台站 50％保证率的雨日降水量大于等于某阈值的下限指标(图 5.25a)从 4.7～223.6 mm 不等,最大值与最小值相差 47 倍多。50％保证率的雨日降水量小于等于某阈值的上限指标(图 5.25b)从 4.5～220.1 mm 不等,最大值与最小值相差 48 倍。50％对应的雨日降水量上下限阈值不相等,而且下限值比上限值要大一点点,这是因为降水量是不连续的,而阈值指标是通过内插统计测算得到的,因而会出现数值不连续,在相同保证率测算的指标值并不重叠。相比而言,对于同一个台站,两者相差并不大,有时为了方便使用或要求精度不高时,用其中任何一个或取上下限阈值的算术平均值也是可以的。在空间分布上,除新疆外,呈现出由东南沿海向西北内陆递减的总趋势,雨日降水量的高低具有明显的区域成片性。

从图 5.25b 可知:50％保证率的雨日降水量上限指标的最大值(220.1 mm,广西防城站 59631)比最小值(4.5 mm,新疆吐鲁番站 51573)大近 48 倍。指标阈值的含义可以这样来理解或描述:新疆的吐鲁番站雨日最大降水量的 50％保证率为≥4.5 mm,广西的防城站相应保证率水平对应的日最大降水量≥220.1 mm。就全国平均情况而言,50％保证率的雨日最大降水量阈值为≥68.3 mm 和≤66.7 mm。823 个台站中,有 415 个(占总台站数的 50.4％)指标在平均值以上,49.6％的台站雨日最大降水量的 50％保证率降水量指标都要比平均值低。对应上下限阈值高与低的台站是一致的。这样,把指标阈值相对高或低(即按指标在全国排序),把最前面和最后面的 21 个台站列出来,如表 5.9 所示。

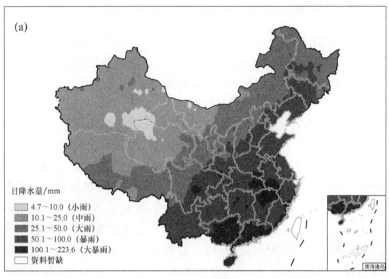

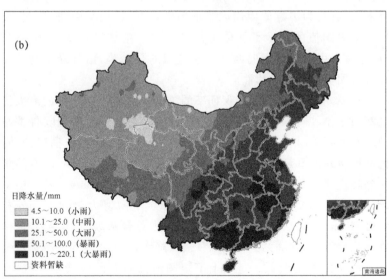

图 5.25　50％保证率的雨日最大降水量指标空间分布

(a)下限,即≥阈值;(b)上限,即≤阈值

表 5.9　雨日降水量 50％保证率阈值位于全国台站前后 21 位的
台站及指标信息

台站名	省份	上限/mm	下限/mm	台站名	省份	上限/mm	下限/mm
吐鲁番	新疆	4.5	4.7	台山	广东	146.5	149.6
冷湖	青海	4.8	5.2	南澳	广东	144.8	150.7
小灶火	青海	5.9	6.1	珊瑚	海南	150.1	152.2
鄯善	新疆	6.6	7.1	中山	广东	149.0	152.7
淖毛湖	新疆	6.9	7.4	三亚	海南	153.1	154.7
十三间房	新疆	7.6	8.0	陵水	海南	153.3	155.1
且末	新疆	7.5	8.2	徐闻	广东	154.6	155.2
茫崖	青海	8.2	8.4	融安	广西	151.1	156.3
额济纳旗	内蒙古	8.3	8.6	涠洲岛	广西	154.6	156.9
诺木洪	青海	8.8	9.1	深圳	广东	153.2	157.6
格尔木	青海	8.8	9.4	西沙	海南	157.4	158.7
若羌	新疆	9.3	9.5	湛江	广东	156.5	161.3
拐子湖	内蒙古	9.5	10.0	汕尾	广东	159.4	165.7
金塔	甘肃	10.5	10.7	儋州	海南	163.4	171.8
铁干里克	新疆	10.5	10.8	海口	海南	172.7	173.9
塔什库尔干	新疆	10.1	10.9	惠来	广东	172.0	175.7
敦煌	甘肃	10.9	11.1	琼海	海南	174.8	176.2
哈密	新疆	10.1	11.4	琼中	海南	167.9	176.4
瓜州	甘肃	11.3	11.4	珠海	广东	177.4	178.0
和田	新疆	11.4	11.5	钦州	广西	175.4	179.3
民丰	新疆	10.8	11.5	北海	广西	184.4	191.2
尉犁	新疆	11.4	11.6	东兴	广西	205.8	207.2
玉门镇	甘肃	11.2	11.6	上川岛	广东	203.9	210.2

台站名	省份	上限/mm	下限/mm	台站名	省份	上限/mm	下限/mm
皮山	新疆	10.9	11.7	阳江	广东	214.8	220.8
库米什	新疆	11.7	11.8	防城	广西	220.1	223.6

将 823 个台站雨日最大降水量的保证率 50% 的日降水量指标阈值分布绘制图 5.26,如果取上下限阈值的平均值作为各站的保证率 50% 的降水量指标,统计得知:指标 ≥50 mm 的台站有 519 个,约占总台站数的 63.1%,其中 ≥100 mm 的台站有 144 个,约占总台站数的 17.5%,>200 mm 的台站有 4 个,仅为总台站数的 0.5%,分别是广东的阳江和上川岛,广西的东兴和防城。<10 mm(小雨)的台站有 13 个,主要分布在新疆、内蒙古和青海,其中新疆占 6 个,青海 5 个,内蒙古 2 个。

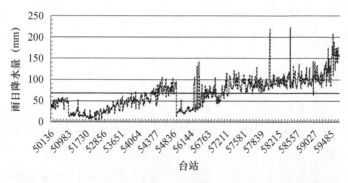

图 5.26 最大雨日降水量 50% 保证率的日降水量指标的空间分布

统计全国各站日最大降水量的 50% 保证率阈值的平均值为 67.5 mm,对应图 5.26 中的实线等值线,从图中可知,≥67.5 mm 的台站有 416 个,占 50.55%,小于全国平均值的台站数为 407 个,仅比高于平均值的台站少 9 个。

三、年降水量与最大雨日降水量指标的关系分析

统计分析 823 个台站的保证率 50％的年降水量阈值与雨日最大降水量阈值指标的关系（图 5.27），两者具有显著的正相关关系，表明年降水量指标大，日降水量指标也大，反之亦然。从图 5.27 也可以看出，统计相关并不表明各站两者关系完全一致。进一步分析，年降水量指标在 2000 mm 以上的 17 个台站两者的正相关关系虽然也是明显的，但没有所有台站的统计关系显著。对比图 5.5 可知，统计各台站的最大年降水量与最大日降水量具有正相关关系，相关系数 $R^2 = 0.5395$，比 50％保证率两指标相关系数 $R^2 = 0.7761$ 要低一些。这也说明降水量不仅具有台站间的空间变化，在相同台站间也具有年际变化，且台站间的年际变化与台站内的年际变化和极端差异也不一致。

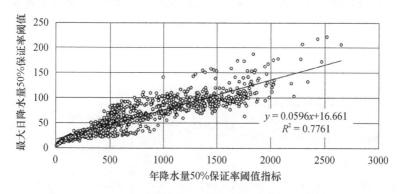

图 5.27　保证率 50％的年降水量阈值与雨日降水量指标关系

把两者的空间分布直接绘制成一张双纵轴坐标图（图 5.28）更能明显看出不同台站间两者变化并不同步的差异。

选择 31 个典型台站，进行年降水量 x 与历年最大雨日降水量 y 的多年平均值的统计，结果列于表 5.10。两者具有显著的正相关关系，$y = 0.0751x + 8.8114$，相关系数 $R^2 = 0.9209$。并对比分析这两个多年平均值与保证率 50％的年降水量和雨日最大降水量指标阈

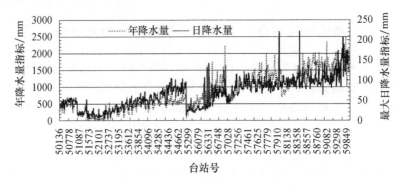

图 5.28　年降水量和最大日降水量 50％保证率指标的空间分布

值发现，各站的年度雨日最大降水量的多年平均值比保证率 50％对
应的最大日降水量指标都要高一些，而年降水量则有高有低，且大
多数台站是多年平均值比保证率 50％对应的指标要高一些。这也
说明台站降水量的年际变化不均，因此不能以多年平均值来代替
保证率 50％的降水量指标，也不能用保证率 50％的指标代替多年
平均值。

表 5.10　典型台站的年降水量和日最大降水量的多年平均值与
保证率 50％的指标对照

省份	台站名	年数	多年平均值/mm		50％保证率指标阈值/mm	
			年降水量	日最大降水量	年降水量	日最大降水量
新疆	吐鲁番	38	15.2	5.2	12.4	4.6
青海	冷湖	38	16.3	5.7	15.5	5.0
新疆	淖毛湖	37	22.9	8.4	20.2	7.2
新疆	且末	38	26.7	9.1	25.0	7.9
新疆	鄯善	38	27.9	8.6	23.9	6.9
青海	小灶火	37	30.0	6.0	28.5	6.0
新疆	十三间房	38	30.6	10.2	25.6	7.8

续表

省份	台站名	年数	多年平均值/mm		50％保证率指标阈值/mm	
			年降水量	日最大降水量	年降水量	日最大降水量
甘肃	敦煌	38	41.7	11.9	39.2	11.0
内蒙古	拐子湖	36	43.7	12.4	40.5	9.8
新疆	哈密	38	43.8	11.9	42.3	10.8
青海	格尔木	38	46.5	9.5	44.6	9.1
新疆	红柳河	37	50.6	12.7	46.9	12.0
甘肃	鼎新	37	57.5	12.7	54.7	11.8
河南	永城	37	791.9	98.4	758.4	88.6
四川	盐源	38	809.0	51.1	779.0	48.8
江苏	邳州	38	827.9	102.1	772.8	95.5
四川	绵阳	38	858.9	113.8	802.6	105.9
贵州	毕节	38	876.0	71.0	856.1	66.7
贵州	黔西	38	934.8	77.4	949.6	72.8
云南	广南	38	1010.7	68.7	1002.1	63.8
广西	雁山	32	1812.0	126.1	1753.1	108.7
广东	英德	38	1871.9	130.8	1832.1	126.2
广西	桂林	38	1911.5	141.2	1887.5	138.9
广东	清远	37	2080.0	139.0	2009.5	120.9
广东	佛冈	38	2174.3	143.1	2188.3	129.1
广东	上川岛	37	2264.1	225.9	2288.4	207.1
安徽	黄山	38	2357.9	142.2	2337.9	132.4
海南	琼中	37	2363.5	172.6	2466.3	172.2
广东	阳江	38	2414.4	246.2	2429.3	217.8
广西	防城	37	2648.0	229.0	2515.3	221.9
广西	东兴	38	2681.9	208.4	2647.5	206.5

从表 5.10 可以看出,年降水量的多年平均值与 50% 保证率的指标值之间相对变率最大的是新疆的吐鲁番(台站号 51573),绝对差值最大的是广西的防城(台站号 59631)和海南的琼中(台站号 59849)。这里以这 3 个台站为例,统计各站年降水日数、年降水量、最大日降水量及其出现日期的年际变化,如表 5.11、表 5.12 和表 5.13 所示。

表 5.11　海南琼中气象站降水量和最大日降水量的年际变化

年份	年降水日数/d	年降水量/mm	日最大降水量/mm	日最大降水的日期/(mm-dd)
1981	191	2527.6	179.3	10-15
1982	192	2455.2	133.6	10-17
1983	182	2417.4	328.3	10-27
1984	215	2536.6	142.6	4-22
1985	224	2434.8	227.2	9-30
1986	180	2865.0	182.3	5-20
1987	173	1790.4	124.5	11-04
1988	179	2461.7	154.2	10-28
1989	200	2917.0	173.5	10-03
1990	203	2959.1	237.7	8-29
1991	160	1912.3	146.3	7-13
1992	185	1941.7	101.0	10-08
1993	173	2226.7	212.5	10-18
1994	189	2065.9	143.4	11-16
1995	180	2486.2	184.5	10-08
1996	186	2496.3	204.1	8-22
1997	186	2447.5	162.2	9-26
1998	167	1707.6	214.5	10-04

年份	年降水日数/d	年降水量/mm	日最大降水量/mm	日最大降水的日期/(mm-dd)
1999	190	2511.8	203.6	11-06
2000	193	2996.4	158.2	10-14
2001	196	3023.4	231.9	8-29
2002	182	1937.9	155.3	9-20
2003	173	1762.0	96.3	10-05
2004	140	1443.5	120.7	7-24
2005	178	2538.2	190.8	9-18
2006	166	2162.4	88.4	9-30
2007	181	2677.6	155.5	10-01
2008	201	2538.6	216.1	10-13
2009	185	2733.3	210.3	9-29
2010	170	2669.8	216.5	10-05
2011	216	2675.9	204.7	9-29
2012	188	2082.0	153.6	10-28
2013	195	2597.8	182.0	11-10
2014	168	2228.1	120.0	9-16
2015	157	1412.0	76.2	11-22
2016	200	2504.9	230.3	10-18
2017	209	2303.5	123.0	11-07

从表 5.11 可知,海南琼中站 1981—2017 年的年降水量为 1412.0~3023.4 mm,多年平均值为 2364.5 mm,中位数为 2461.7 mm, 保证率 50% 的年降水量指标为 2466.3 mm。年降水量的多年平均值比中位数和 50% 保证率的指标阈值少大约 100 mm。日降水量最大

值在 76.2~328.3 mm 变化,多年平均值为 172.6 mm,中位数为 173.5 mm,保证率 50％的日最大降水量指标阈值为 172.2 mm。最大雨日降水量的多年平均值比中位数和 50％保证率的指标阈值相差很少,比中位数少大约 1 mm,而比 50％保证率阈值指标仅多 0.4 mm。

表 5.12　新疆吐鲁番气象站降水量和最大日降水量的年际变化

年份	年降水日数/d	年降水量/mm	日最大降水量/mm	日最大降水的日期/(mm-dd)
1981	13	13.9	4.2	8-31
1982	7	3.8	0.8	8-29
1983	12	4.9	2.2	5-18
1984	9	30.2	13.6	6-21
1985	5	8.1	4.7	7-08
1986	12	8.6	2.3	6-29
1987	16	26.7	11.0	11-25
1988	18	27.0	10.5	3-17
1989	17	20.9	5.0	9-25
1990	16	16.3	5.1	7-11
1991	8	8.5	2.7	8-10
1992	9	23.2	10.4	3-19
1993	8	7.2	2.2	7-12
1994	12	21.3	4.5	10-07
1995	13	11.4	2.7	12-12
1996	8	10.4	3.6	10-21
1997	8	5.5	1.9	6-05
1998	17	33.4	5.8	9-16
1999	13	9.9	2.1	8-04

年份	年降水日数/d	年降水量/mm	日最大降水量/mm	日最大降水的日期/(mm-dd)
2000	14	16.4	6.0	2-22
2001	9	16.7	7.9	11-28
2002	18	25.6	12.7	6-08
2003	24	30.9	9.1	9-28
2004	22	10.5	2.6	7-21
2005	14	9.0	3.1	8-06
2006	14	8.2	2.6	7-07
2007	17	12.3	3.9	8-05
2008	13	23.2	6.6	10-21
2009	12	6.9	2.3	7-02
2010	15	7.0	1.2	6-23
2011	12	9.3	5.0	10-22
2012	20	21.6	7.9	12-20
2013	11	8.9	2.6	8-26
2014	10	14.5	5.9	6-26
2015	16	26.4	8.0	9-02
2016	7	12.5	5.2	1-19
2017	5	7.7	3.3	4-11
2018	13	17.0	4.8	8-30

从表 5.12 中可知,新疆吐鲁番站 1981—2018 年的年降水量为 3.8~33.4 mm,多年平均值为 15.2 mm,中位数为 12.4 mm,保证率 50% 的年降水量指标为 12.4 mm。年降水量的多年平均值比中位数和 50% 保证率的指标阈值多大约 3 mm。日降水量最大值在

0.8~13.6 mm 变化,多年平均值为 5.2 mm,中位数为 4.6 mm,保证率 50% 的日最大降水量指标阈值为 4.6 mm。最大雨日降水量的多年平均值比中位数和 50% 保证率的指标阈值也要多 0.6 mm。

表 5.13 广西防城气象站降水量和最大日降水量的年际变化

年份	年降水日数/d	年降水量/mm	日最大降水量/mm	日最大降水的日期/(mm-dd)
1982	201	2798.1	180.9	5-28
1983	170	2390.4	226.9	9-11
1984	183	2792.5	272.7	5-18
1985	198	2224.6	213.1	8-29
1986	162	2679.9	355.4	7-22
1987	169	2505.5	148.6	6-01
1988	178	2428.0	191.7	8-31
1989	148	1913.1	148.8	7-02
1990	177	3088.2	242.1	7-14
1991	144	2503.4	284.6	6-08
1992	149	2093.0	124.9	7-21
1993	178	2715.8	240.6	8-22
1994	170	3424.8	347.5	8-29
1995	170	3370.5	297.4	6-06
1996	163	2263.6	275.0	6-28
1997	173	2836.5	339.0	8-23
1998	162	3016.2	241.4	8-12
1999	155	2345.4	130.6	8-26
2000	164	2305.7	208.1	8-03
2001	185	3604.8	292.5	8-31
2002	177	2764.2	181.3	8-11

年份	年降水日数/d	年降水量/mm	日最大降水量/mm	日最大降水的日期/(mm-dd)
2003	153	2442.6	202.3	6-22
2004	141	2209.6	364.6	7-20
2005	157	2546.5	360.9	6-08
2006	136	1792.8	132.3	7-17
2007	144	2119.5	220.0	6-29
2008	169	3139.8	175.3	8-08
2009	160	2468.5	130.4	7-04
2010	162	2441.1	121.7	9-22
2011	159	2340.1	263.7	8-19
2012	194	3248.8	330.7	8-18
2013	171	3394.7	239.2	11-11
2014	189	2666.2	220.2	9-17
2015	159	2424.0	154.4	7-27
2016	160	2904.7	257.2	7-02
2017	184	3416.1	182.6	7-12
2018	165	2358.4	175.1	7-24

从表 5.13 中可知,广西防城站 1981—2018 年的年降水量为 1792.8～3604.8 mm,多年平均值为 2648.04 mm,中位数为 2505.7 mm,保证率 50％的年降水量指标为 2515.3 mm。年降水量的多年平均值比中位数和 50％保证率的指标阈值要约多 100 mm。日降水量最大值在 121.7～364.6 mm 变化,多年平均值为 229.02 mm,中位数 220.2 mm,保证率 50％的日最大降水量指标阈值为 221.9 mm。最大雨日降水量的多年平均值比中位数和 50％保证率的指标阈值也要多 7～8 mm。

参考文献

鲍名,黄荣辉,2006. 近 40 年我国暴雨的年代际变化特征[J]. 大气科学,30
　　(6):1057-1067.

程纯枢,冯秀藻,刘明孝,1986. 中国农业百科全书·农业气象卷[M]. 北京:农
　　业出版社.

姜会飞,2014. 农业气象观测与数据分析(第二版)[M]. 北京:科学出版社.

姜会飞,2018. 农业气象学(第三版)[M]. 北京:气象出版社.

姜会飞,廖树华,等,2011. 区域暴雨指标与作物洪涝受灾率的关系[J],安徽农
　　业科学,39(17):10432-10435,10460

姜彤,李修仓,巢清尘,等,2014.《气候变化 2014:影响、适应和脆弱性》的主要结
　　论和新认知[J]. 气候变化研究进展,10(3):157-166.

李世奎,霍治国,王素艳,等,2004. 农业气象灾害风险评估体系及模型研究[J].
　　自然灾害学报,13(1):77-87.

马淑红,席元伟,1997. 新疆暴雨的若干规律性[J]. 气象学报,55(2):241-248.

孟莹,卢娟,陈传雷,2004. 辽宁 3 种旱涝指标的对比分析[J],辽宁气象,2:22-23.

丘宝剑,卢其尧,1990. 农业气候条件及其指标[M]. 北京:测绘出版社.

王春乙,王石立,霍治国,等,2005. 近 10 年来中国主要农业气象灾害监测预警
　　与评估技术研究进展[J]. 气象学报,63(5):659-671.

延三成,2016. 太阳系绕银河系银心运动过程中出现的现象[J],职大学报,4:
　　79-82.

杨霞,赵逸舟,李圆圆,2009. 乌鲁木齐极端天气事件及其与区域气候变化的联
　　系[J]. 干旱区地理,32(6):867-873.

郁家成,黄小燕,郁阳,等,2007. 安徽省沿淮地区农业洪涝灾期特征分析与避
　　洪种植模式[J]. 中国农业大学学报,12(6):24-30

章淹,林宗鸿,陈渭民,1990. 暴雨预报[M]. 北京:气象出版社.

朱日祥,刘青松,潘永信,1999. 地磁极性倒转与全球性地质事件的相关性[J].
　　科学通报,44(15):1582-1589.